乌 杰
系统科学文集

第六卷
城市系统管理论

乌杰 著

人民出版社

自　序

　　从 1983 年到 1989 年的 7 年中,我一直担任市长的职务,坦白地说,可以用一句话来表达工作的艰辛:酸甜苦辣咸,五味俱全。

　　那时,我最关心是如何当好市长。我以为,做一个市长,首先应该知道,哪些事自己应该管,哪些事不应该管。想用管理学中的普遍原理解决碰到的难题,经过一段时间的探索,逐渐明白了,这就是用系统思想、系统方法加科学管理的手段,可以收到事半功倍的效果,可以避免事必躬亲的事务主义,可以做到,大局、大事抓得住,小事、局部放得活。用这个方法能够使工作纲举目张,使工作有迎刃而解的奇效。

　　市长的岗位是短暂的,市长的工作是无穷的。用有限的精力,在有限的时空里,完成一项有 10^{12} 的因素的系统工程的工作量,没有一个正确的方法,是不可思议的!

　　离开市长的岗位快 5 年了,把过去一些思考,感受整理出来,虽然不在其位了,应不谋其"政"。但从总体讲,它不失一个富有特色的市长"大参考"。它的方法是新的,思想是独特的,设计是新颖的,它可以给各层次的领导者、决策者、理论研究工作者,提供一个已被实践检验过的可行的选择。提供一个可能"潇洒走一回"的方案。

　　在书的主要部分,讲了系统思想、系统辩证的方法,及一般的对应管理原理。在书的后面,加了一些目标管理的方法、文章、材料,供参考。我认为,在目前,在 90 年代中国,对省市的管理,对地方的管理,比较可行的、有效的方法,大概只有目标管理了,其他的方法还不成熟。

　　在改革、发展、竞争的国际大趋势中,在建立中国市场经济的大潮中,我深信,随着时间的推进,将会被越来越多的人理解和接受。

　　在这里感谢李德孝、李建中等同志,对本书的出版做了大量的具体工作,在此表示深深的谢意。

作　者

1994 年 8 月 5 日

目　录

第一章　城市系统研究的方法

社会生产力的发展,必然要推动科学技术的进步。科技进步与社会生产力的发展导致新的学科与新的理论的产生,这些新的理论又回到实践中去检验、去丰富、去发展,以促进社会的发展。本书运用《系统辩证论》①的基本思想,对现代城市系统整体进行研究与探索。它是理论与实践相结合的产物,属于城市管理科学。本书的价值还有待于在城市规划、城市建设、城市管理和城市改革的实践中去经受检验,并伴随着城市管理水平与理论水平的提高而进一步成熟与完善。作为本书的第一章,将主要对系统辩证思维的基本内容做一简要说明,从中阐明对现代城市进行研究的方法和意义。

第一节　系统辩证思维的基本观点

运用系统辩证思维对现代城市进行研究,求解出现代城市发展的规律和对现代城市进行管理的科学方法,以提高城市领导者和管理者的理论与实践水平,这是这本书所要讨论和研究的主要内容。为了使读者对系统辩证思维有个基本的了解,这一节就系统辩证思维即《系统辩证论》的基本观点做一讨论。

---

① 乌杰:《系统辩证论》,人民出版社 1991 年版。

一、系 统 观

系统辩证思维是运用《系统辩证论》的基本观点,去观察、分析、研究客观物质世界的思维方法。系统辩证论是在马克思主义哲学基础上,结合现代科学的研究成果和新的理论成就,以客观系统物质世界作为研究对象的一门科学的哲学。系统辩证思维与现代城市,是把现代城市作为一个完整的系统整体进行研究,城市系统是一个由要素、结构功能而组成的并每时每刻与外部环境进行物质、能量、信息交换的系统整体。城市的发展过程也有其自身的结构、层次,并形成城市运动发展着的系统核、系统链和系统环。现代城市系统整体同其他物质和过程一样都遵循着整体优化、结构质变、层次转化和差异协同等发展规律。现代城市系统整体的活动主体即个人、集体、群体;现代城市的客体即经济系统、社会系统、市政系统等,通过实践有机地联系起来,进行整体的、系统的、有机的思维,来分析、研究城市问题。系统辩证思维是在现代科学基础上,对唯物辩证思维作了具体的丰富和发展,增添了多极的、多维的、非线性的思维范畴,它能够给人们尤其是城市领导者与管理者以新的启迪。系统辩证思维即系统辩证论同马克思主义哲学一样,具有世界观、认识论和方法论的指导意义。

(一)世界是物质的

系统辩证论认为,世界是物质的,这是一切唯物论者的基本观点,也是系统辩证论得以研究客观世界的理论基础和前提。世界的统一性就在于它的物质性。世界上的事物和现象千差万别,都是物质的表现形态,就连意识或精神也是高级的、复杂的、按照特殊方式组织起来的物质——人脑的属性,也是物质高度发展的产物。世界上除了物质之外,再没有别的任何东西。世界是一个相互联系的,相互转化的物质性的整体。

(二)物质世界是系统的

世界是物质的,但不能仅仅归结为物质,而且物质世界是系统的整体。系统是物质世界存在的基本方式和根本属性,即自然界是成系统的,人类社会是成系统的,人的思维也是成系统的。一句话,世界的本体是系统的物质世界。系统观遵循物质世界的系统性,主要是从现时的横断面上来揭示物质系统的联系、系统的存在、系统的运动和系统的发展。

（三）系统物质世界是由物质、能量和信息构成的

系统是物质世界存在的基本方式和根本属性。而物质、能量和信息则进一步揭示了系统物质世界存在的基本方式和根本属性的内在本质,任何系统物质世界都是由物质、能量、信息的相互作用和相互联系构成的。物质、能量和信息不仅是系统的三基元,也是物质世界的三基元和宇宙世界的三基元。也就是说,系统与物质、能量和信息同步伴随、永不分离。因此,我们把物质、能量、信息称之为"宇宙核"。所谓宇宙核,从狭义上讲是指物质分布相对密集,能量储存与释放相对是个巨数,信息相对是一个较大的"源"、"流"与"群"。从一般意义上讲,宇宙核是指宇宙间的一切都是由物质、能量、信息构成的,它是宇宙世界存在的最基本的元的形式。我们把物质、能量、信息称为系统物质世界的"三基元"。

（四）系统的三因素：要素、结构、功能

从宇宙的角度看系统,系统是由物质、能量、信息"三基元"构成的。从系统自身的角度看系统,一方面它是由物质、能量、信息"三基元"构成;另一方面它又具有要素、结构和功能三因素,它们组成系统存在的基本方式和属性。凡在系统内某个部分的要素、结构、功能在其物质、能量、信息上都优化于该系统的其他部分的要素、结构、功能,那么系统的这个部分则可以称为该系统的"系统核",或称为"整体核"。一般情况下,同一系统只有一个系统核。这里讲的要素是系统的部分,系统是要素的整体,系统与要素、整体与部分具有相对的意义,它们是潜在可分的。这里讲的结构是指系统的若干要素相互联系、相互作用的方式,系统的结构具有整体性、有序性和稳定性。这里讲的功能,是指系统整体与外部环境相互联系时所表现出来的特性和能力。在系统中,要素——结构——功能三因素,要素是基础,是结构和功能的载体;结构是系统内在要素排列组合及相互联系和相互作用的方式,结构决定功能,是系统的关键;功能是系统内在结构与外部环境相联

系时,所表现出的特性和能力。

系统观反映了物质、能量、信息的相互关系,反映了要素、结构、功能的相互关系,还反映了整体与部分、结构与功能、系统与要素、宇宙核与系统核、系统与环境等系统的辩证关系,同时也反映了客观事物的整体性。系统的整体性是指从系统整体出发,始终着重从整体与部分之间,整体与非整体之间在物质、能量、信息的相互交换中,在要素、结构、功能的相互作用中,定性与定量相结合、综合与分析相结合、线性与非线性相结合、平衡与非平衡相结合的思维方式来考察研究对象,以求得处理问题和解决问题的整体优化。

运用系统辩证思维的系统观研究城市规划、城市建设、城市管理、城市改革,为求得城市工作的整体优化提供了新的思路。它有利于使城市领导者和管理者克服传统的思维方式,即克服把对象分割成各自孤立的部分进行研究,再机械相加的传统方法的制约。城市本来就是一个有机的系统整体;它是指物质、能量与信息的交换,以显示城市的活力;它又是指要素、结构与功能等因素,以显示城市的整体效应。例如,从要素来看,现代城市具有众多要素,但主体要素有经济——社会——市政三大要素。每个要素又独自成系统,又有自身的结构和功能。这三大要素之间、三大要素内在结构之间,都存在着极为复杂的相关联系和作用。任何一个要素结构的改变,都会涉及与影响其他要素及其结构与功能,甚至会涉及到整个系统。如城市经济系统的繁荣,一定会促进城市建设的发展,而科学的市政管理又会促进经济建设的繁荣。城市系统整体内在要素、结构、功能的相互依赖、相互作用和相互制约关系,揭示着城市系统的特征和发展规律,决定着整个城市的变化状况。所以系统辩证论的系统观与城市现状在理论上和实践上是一致的,运用系统辩证论的基本观点来研究城市,具有重要的理论与实践意义。

二、过 程 观

系统辩证思维不仅承认物质世界是系统的,而且也承认系统物质世界是不断运动的。系统物质世界发展的历史是一个过程,自然界、人类社会、思维都是一个过程,历史是一个过程,真理也是一个过程。

（一）系统是运动的

运用系统辩证思维来看待世界,那么整个系统物质世界都可归结为系统的运动。运动是系统的存在方式。这里的运动是指宇宙中发生的一切变化和过程,从单纯的位置运动到质与量的变化,运动与系统具有不可分性。任何系统都处于永不停息的运动变化中,没有系统是不运动的,也没有不运动的系统。从运动的角度看系统,就是构成系统诸要素之间相互联系和相互作用的运动性,即要素之间相互进行着物质、能量和信息不断变换和传输运动,以及相互作用的要素构成的整体与周围环境之间的物质、能量、信息的不断变换。系统在运动,要素、结构与功能也在运动,系统所处的环境也在运动。没有运动,就没有系统的存在,系统是运动的承担者,运动是系统的根本属性,是系统存在的方式。

（二）系统是过程的发展

运动是过程的前提,过程是运动的表现。同一系统的一个运动周期构成运动的环。运动环持续不停的周期循环运动的轨迹,表征着系统的产生、发展和消亡的历史,这就叫做过程。过程与转化本身都是一定的系统。过程不仅表现在自然界、人类社会,而且人们的认识也是个过程。

系统过程向前发展的动力问题,正如恩格斯晚年时提到的,人类社会发展的动力,是无数力的合力,是无数相互作用力综合而成,是无数力的平行四边形产生的一个总的结果。系统向前发展的过程取决于系统的自组织与环境因素的相互作用。系统从有序到无序,又从无序到有序的变化过程,也就是协同中存在着差异,差异产生竞争,竞争又破坏协同,又建立新的协同的过程。系统运动过程的动力并不能简单地归结为事物内部的矛盾,而且正是整体内部差异的力和系统外部差异的力所形成的合力相作用的结果,是一种非线性运动的推动力。

（三）历史是系统的过程

从系统的角度看过程,是指系统状态或系统时空层次的变化序列,是系统所呈现出来的前后相继的不同过程和阶段的集合体,是前后相继系统之间的关系,是系统运动在时间上的延伸,是系统随着时间的推移不断展开。系统总是当做历史出现的,都有自己产生、发展和消亡的历史。历史就是过程,过程也是历史,任何系统都是过程,也都是历史。

(四)真理是系统的过程

真理是指人们的认识对客观世界正确的反映,是一个动态的过程。列宁说:"真理是过程。人从主观的观念,经过实践(和技术),走向客观真理"。① "思想和客体的一致是一个过程"。② 真理的客观基础是客观的系统物质世界,而系统物质世界是系统的过程,所以真理也是一个过程。人类的认识能力存在着有限性与无限性、至上性与非至上性的差异,要使我们的主观与客观相符合,对真理的认识就是一个动态过程。认识真理的过程是主体与客体相结合的实践过程。认识的客体和认识的主体是一个系统过程,主体与客体相结合的实践也是一个系统过程。由此可见,真理也是一个系统过程。

运用系统辩证思维的过程观研究现代城市,有助于我们把握城市发展的系统过程,在制定城市发展战略和规划时要注意发展阶段、发展历史和发展过程,确定不同过程的层次目标,有利于城市的改革与建设。

三、时 空 观

系统辩证论认为,系统物质世界处在纵横交错的相互联系中。这种联系有两个方面:一是横向联系,二是纵向联系。横向联系是指在同一时间内,系统各要素、结构、功能即物质、能量、信息的空间关系,即一系统同它系统联系,系统间横向联系是成系统的。纵向联系是指在同一空间内系统各要素、结构、功能,即物质、能量、信息的时间关系。也就是说,任何系统都有

---

① 《列宁全集》第55卷,人民出版社1910年版,第170页。
② 《列宁全集》第55卷,人民出版社1910年版,第164页。

过去、现在和将来，都有从旧质态向新质态、从简单结构到复杂结构、从低层次到高层次的自身前后相继的联系。系统的纵向联系构成过程。系统存在于时空中，系统有其自身的规模，都有一定的位置关系、排列方式和空间样态。系统与系统之间也存在着一定的结构秩序，不论系统大小，其存在形式只有空间的差异，而没有空间本质的不同。系统以空间和时间为存在形式是相对的，正如恩格斯所说："一切存在的基本形式是空间和时间，时间以外的存在像空间以外的存在一样，是非常荒诞的事情"。①

系统辩证论的时空观，使我们把城市研究工作更具体化、生动化。城市作为一个系统整体，必须把它置于一定的时间过程和一定的空间样态之中进行研究。时空观是城市系统研究工作的一项基本原则。把城市系统放在一定的阶段、一定的过程、一定的时期进行研究，放在一定的环境、一定的区域、一定的国度进行研究，就容易发现它的差异性、质的规定性，并把握其发展的规律，以指导城市工作的研究、规划、建设、管理和改革。

第二节　系统辩证思维的基本规律

系统辩证论的基本内容是一个完整的科学体系。除以上所论述的系统物质世界的系统观、过程观、时空观基本观点外，还有基本规律、基本方法和基本范畴。在这里我们做一简单介绍，有利于在研究城市工作中予以把握这一新的思维。

系统辩证论在研究了自然界、人类社会与思维系统发展过程后，揭示出整体优化律、结构质变律、层次转化律和差异协同律四大规律。

一、整体优化律

整体优化律以系统整体为基本出发点，研究系统内部各要素、结构、层

---

① 《马克思恩格斯选集》第3卷，人民出版社1995年版，第392页。

次间的相互作用以及系统整体与环境外在功能的优化,来揭示系统运动的趋势和方向。整体性是系统的本质属性,优化是系统的发展趋向。对社会各系统结构与功能的优化,是人类不懈的价值追求。系统整体由其内部结构涨落与外部环境最适条件相结合而出现的优化状态、优化过程和优化功能,这是普遍的必然规律。

整体优化律建立在系统整体性原理、有机性原理、优化原理和整体大于部分之和的原理之上。

整体性原理主要论述系统整体是基本的,而系统的部分是构成整体的基础;系统部分按着系统整体的目的,发挥各自的作用;系统整体是由物质、能量、信息构成的综合体,系统整体与部分都处于运动、变化、发展过程中。

有机性原理主要论述存在于整体中的部分,只有在整体中才能体现出它具有部分的意义,一旦离开了整体,部分就失去了它作为整体的意义;构成系统要素所具有的那种整体性,只有在运动中,按着一定的规律进行着整体与部分、部分与部分、整体与环境,以及不同层次之间的物质、能量、信息的交换,并在交换中保持整体的阈值及度,以及系统整体才能体现为一定系统质与功能的规定性。有机性还表现在系统与外部环境的联系上,系统过程在时间上的持续性与在空间上的规模性,反映了系统整体存在和发展过程中环境——整体——要素之间的有机联系。系统整体性原理与系统有机性原理揭示了各个要素是按一定方式构成的有机整体,要素——整体——环境以及各要素之间的相互联系、相互作用,使系统整体呈现出各个组成部分所没有的系统结构,因而部分也不具有系统整体的功能。

优化性原理主要论述系统优化的本质及其特征,即系统整体存在着优化的性质样态,并且这种系统整体优化性质和样态是可以认识的,主观要求优化的实现,受着各种主客观条件的制约。优化的客观性,是指客观物质世界各个系统,由于其内部根据和外部条件的相互作用,总可以在指定条件下,使整个系统或该系统的某个方面最大限度(或最小限度)接近或适合某种一定客观标准。系统都处于物质、能量、信息永不停息的运动变换中,并依据系统所处的最适条件,或趋向于某种最完美的结构形态,或是选择最简短的运动路线,或是以最小的投入获得最大的产出,或显示出最佳的特定性质和特定功能,并以不同的方式实现优化的存在状态或优化的发展过程。关于系统优化原理如何在实践中去把握,关键在于认识优化的客观性,即优化的标准、优化的对象、优化的结果是客观的;认识优化的相对性,即优化的标准是相对的,它还受规律、条件、几率的制约;优化的对象是指某个或几个部分的优化,而不是一切方面;某个或某几个方面的优化是随时空、内外条件的变化而变化的,是流动着的优化,优化中包含着劣化,优与劣是相对而言的。认识优化的条件性,是指优化事实的实现,必须要有一定的条件即外部最适条件与内部结构联系相互适应、相互结合。整体优化的实现,必须紧紧把握实现优化的客观性、相对性与条件性。

整体大于部分之和原理主要论述了系统整体诸要素、诸结构、诸层次的有机联系和有序的结构,构成了系统整体的质和功能,这种整体的质和功能优化于部分质的总和与功能总和,因此在系统自组织、自同构、自复制、自消化、反馈和与环境进行质量、能量、信息交换下,系统有着熵减小和有序程度提高的方向运动和发展,并逐步达到系统整体最佳状态。

在研究城市规划、建设、管理与改革过程中,紧紧把握整体优化这一基础规律的基本原理,就可以帮助人们从整体上来研究城市和处理问题,是科学管理城市的有力武器,是领导科学的重要内容。运用整体优化规律,可以使科学化决策成为可能。它可使城市改革与建设以获得整体经济效益、整体社会效益和城市环境效益为城市整体优化目标,那么城市工作的失误就会大大减少,改革与建设的步伐就会加快,成效就会更大。

二、结构质变律

系统辩证论认为,结构质变规律是从系统整体内在结构上来揭示要素、层次之间的联系总是表现为结构与功能两种状态的相互转化。结构是指组成系统整体的各个要素之间排列、组合的相互联系的形式,它是一系统区别于其他系统的内在规定性,使一系统和其他系统区别开来。世界物质形形色色、千差万别,是因为每一个系统具有不同于其他系统的结构。系统结构隐藏在系统内部,它是通过系统的功能及属性表现出来的,而系统的功能又是在一系统与它系统作用时表现出来的。要认识系统的结构,就必须从系统内在要素的相互关系入手,并同时研究一系统与其他系统的相互作用及功能相结合,才能把握结构与功能的系统辩证关系。同一系统要素之间联系的复杂性是由要素之间结构的复杂性决定的。系统结构的多样性决定了系统功能的多样性。一定的系统结构可以使组成系统的各个子系统要素,发挥它们单独不能发挥的作用与功能。系统结构决定系统功能及其属性。相同要素、结构不同,系统也不同。系统结构合理与否,会推动或延缓系统的发展。系统结构相对稳定,但由于构成要素的涨落与外在环境的涨落相适应时,结构会发生变化,功能也随之发生变化。系统的结构质变规律是可以认识的,并可以依据其规律来改变其结构,使系统整体显示出其功能的优化。系统的结构质是由要素的质量、要素的数量、要素的联结方式即时空秩序等三因素决定的。其中,要素在结构上的排列秩序是系统结构质变的一个重要因素。系统诸要素、诸层次的排列组合方式变化,必然引起系统整体质和功能的根本变化。结构质变主要形式有序列位移、要素重组和构形变换。

系统结构与系统功能的关系是辩证的。结构不能完全归结为构造,它还包含着要素之间的相互作用和活动,包含有物质、能量、信息的往来。结构反映了系统的空间特性,也反映了系统的时间特性。系统的各要素通过结构才能组成为一个系统整体。系统结构越趋向于合理,系统的各要素之间的相互作用就越协调,各部分的个性发挥也最佳,系统在总体上的功能才能达到优化。结构是从系统内部描述系统的整体性质,而功能却是从系统的外部描述系统的整体性质。当系统结构相同时,有时其功能可能不同,这与外在环境所提供的条件有关,这种现象叫做"同构异功";还有结构不同,有时功能也可以类似,这与系统内在要素质的规定性有关,这种现象叫做"异构同功"。

在系统的结构中,总有那么一部分要素的质量、要素的数量、要素的排列方式优化于其他要素部分,这个部分就叫做"结构核"。结构核在相同结构要素中居主导地位和起决定作用。结构核的质变,能决定其他结构的质变,决定整体系统的功能质变。

在研究城市系统的建设与改革中,要紧紧把握系统内在结构质的规定性,把城市系统中的经济系统、社会系统与市政建设系统从结构质上区别开来,并研究系统内在结构的合理性,使其整体效益发挥得更好。如在经济系统中,结构相同,功能也类似;但在同一城市中的经济结构中,总有那么一些要素的结构质比较密集,结构的数量比较大、结构排列的秩序比其他合理,结构的外在功能相对优化,这些经济要素的结构,称之为"结构核",我们统称为主导产业或是主体产业。

运用系统辩证思维来研究城市的规划、建设、管理与改革,很重要的内容是在围绕现代城市整体功能优化的前提条件下,研究其结构构成,调整结构排列秩序,使城市系统逐渐转变为耗散结构,使城市系统在非平衡下与外界交换更多的物质、能量和信息,并使这种交换过程成为新的有序结构。这种城市系统的平衡动态稳定有序的结构,对于平衡阈结构具有很强的生命力。这是因为城市系统的耗散结构与外界进行的物质交换、能量交换、信息交换,都形成巨大的流,有很强的辐射力和吸引力。耗散结构的城市系统,在一定的阈值内,能承受比平衡态的城市系统更大的随机性的干扰与波动,因此,这种耗散结构具有较强的生命力。改革开放就是要逐步使我们的城市系统转变为开放式的耗散结构,并参加到世界经济各大循环中去,使我们的城市系统发挥更积极的作用。在研究、规划、建设、管理与改造城市的过程中,各个系统、分系统、子系统、微系统之间,系统与环境之间的相互作用,减少随机性,减少不确定性,如何使城市系统结构能够适应各种干扰与波动,实现动态平衡,达到整体优化,获得预期的结果,要从城市的各系统结构上着手进行改革。

三、层次转化律

系统辩证论认为,系统转化规律揭示了系统物质存在的形式和系统层次变化的方式,即系统物质世界总是以层次转化的形式向前运动或向上发展。这种转化的前进和上升的道路又是曲折的,是系统发展的前进性与曲折性的辩证统一。系统物质世界是一个分层次类别的大网络系统,这个偌大的网络系统组成一个和谐的整体,任何一个系统都存在着不可穷尽的子系统。而各层次类别的系统相互联系、相互作用、相互转化,形成了活生生的大千世界。层次转化律是从更深层次对世界作出概括。

系统世界是一个由不同等级层次的系统所构成的系统世界。由若干个子系统所组成的大系统,具有层次等级的结构关系。也就是说系统内部结构是分层次的,系统本身层次是构成上一层次系统的子系统,又是构成下一层次子系统的母系统。系统的层次相对而存在,并在相互作用下发生相互转化。处于同一层次上的要素具有相同的性质,系统层次有相对的稳定性,但层次结构处于不断的运动转化过程中。

在任何系统中,整体性、结构性、动态性、开放性、预决性等都是有层次的,都具有层次性。城市系统的发展史告诉我们,早期城市、中世纪城市、近代城市、现代城市的发展过程中,都是遵循层次转化规律,由简单到复杂、由低级到高级发展的。在城市这个大系统中,存在着复杂多样,层层叠叠的子系统。不同层次的系统内部、系统之间、各系统不同的子系统内部与子系统之间,都存在着相互联系、相互作用、相互转化的差异运动。并从差异运动中,把握层次转化规律,寻找层次转化的特性与共性,寻找层次转化的具体方式和途径,有利于我们认识城市和建设城市。

层次转化律要遵循三大原理,即守恒原理、等级原理和层次中介原理。

层次转化的守恒原理指的是系统层次在转化过程中,遵循着物质不灭定律和运动的、能量守恒定律,质和量都保持某种不变性,即系统的任何要素不会失掉,也不会无中生有。系统层次转化之所以遵循守恒定律,其原因和动力是系统层次间的相互作用。系统层次转化守恒是对质量守恒、能量守恒、动量守恒、重子守恒、轻子守恒等定律的一系列转化过程中的守恒性的概括和抽象,是对自然界、人类社会和思维等系统层次转化的反映。系统层次的运动是在守恒中的转化,在转化过程中的守恒。层次转化的动因归结于客观系统的物质、能量、信息的相互作用。层次转化中的守恒的具体表现是复杂多样的,系统层次转化过程是转化与守恒的对立统一。系统层次的产生、发展与消亡的全部过程,其物质系统的任何一种属性永远不会丧失,也不会化为虚无,更不会无中生有。系统层次转化除了遵循以上守恒法则外,还遵循层次转化循环的法则。循环不是简单的重复,而是发展,是前进或是后退,有的从低级向高级发展,有的从高级向低级的演化,这种交互运动,形成一定的周期性。周期性是系统层次循环发展的表现方式。在层次转化过程中,代表事物本质的系统总的发展趋势是波浪式前进,是螺旋式上升的。但具体转化过程则体现出简单与复杂、无序和有序、上升和下降、进步和后退的统一。

层次转化的系统秩序原理是指整个物质世界是一个巨大的系统整体,是由从微观到宏观、从无机界到人类社会的形形色色的系统组成的层次等级秩序体系。这个原理告诉我们,在分析系统对象时,要注意它的结构层次和功能层次,既要注意各层次系统之间的联系,又要注意某一具体等级上的系统所具有的独特结构与功能,从而采取措施以达到整体优化。

层次转化的中介原理是指在系统事物层次转化过程中,层次与层次之间总有一个联系的环节,这个环节称之为中介层次。一切差异都在中介阶段融合,一切对立都经过中介环节而互相过渡,并使对立互为中介,一切都在通过互为中介连为一体,通过中介而转化。把握中介的存在、地位和作用,有助于全面理解事物内在层次之间的复杂联系,有助于克服在对立统一规律上的简单化和机械化。任何一个系统结构都包含着众多的要素、层次、中介,系统层次存在的普遍性决定了中介存在的普遍性和客观性,系统层次内在的相互联系、相互作用、相互转化必须要有中介环节过程。层次转化不是简单的两极转化,而是多极的转化。系统辩证思维把质——度——量看作一组范畴,把度当做中介层次或中介系统,这是因为中介层次是旧质态向新质态转化的一个中间过渡系统。

在研究城市这个大系统中,紧紧把握住层次转化规律,并运用其中的守恒原理、等级秩序原理和中介层次原理,对于我们研究认识城市内在的规律性,就有了金钥匙。例如,在社会主义初级阶段的城市,所有制的结构呈现出多样性与层次性:以公有制为基础的所有制形式,以独资为基础的私有制形式,以集体、合资、合伙、入股为基础的所有制形式等等。这种所有制形式的多样性、层次性,是由于生产力发展水平不平衡决定的。在这些多层次所有制形式中,起主导作用与主要地位的所有制是公有制,是姓"社";有的是姓"资",但还有为数不少的所有制既不姓"社",也不姓"资",它们是中间环节和中介层次,这个层次具有双重属性、可变性和过渡性,而这种处于中介层次的所有制形式则是有利于生产力的发展,有其存在的必然性和客观性,它们属于社会主义和资本主义两种所有制形式之间的中介所有制形式。在城市系统改革中,寻找一个从旧模式的中介过渡系统,就具有十分重要的实践意义。当然,这个中介层次系统必须符合客观事物发展的规律,是比较有活力的中间系统。又如,在城市系统规划过程中,既要考虑到各个系统层次的特性,又要及时考虑与之相近的一些毗邻层次。在我们决策新上一个汽车产业时,除了本行业的产、供、销、水、电、路等因素外,还要把邻近的钢铁、交通、金融、电子、机械、商业等行业因素进行系统考虑是否可行,进行层次综合管理与层次决策。那么,我们决策的失误就少多了。

四、差异协同律

系统辩证论认为,差异协同律是系统物质世界最根本的规律,也是系统辩证论的中心规律。它揭示了系统物质世界的源泉与动因,指出了系统发展的原因在于系统内部发展结构的差异、协同、和谐,揭示了系统物质世界存在、联系和发展的实在内容。差异协同律贯穿于系统物质世界相互联系的一切方面和一切过程中,构成了系统辩证思维的最本质的联系。

系统物质世界是一个差异协同体,差异是事物的普遍属性、是事物发展的初级阶段。过程分为差异——对立——斗争——转化等层次,差异是普遍的,对立是少数的,斗争是个别的。转化表征旧质态的系统消亡,新质态的系统整体的产生,是事物发展的趋势和结果。差异包含着矛盾,但矛盾不等同于差异。差异是事物存在的主要形式和主要阶段。差异并非一定都要激化而转化为对立。差异在一般条件下能够协同、融合、和谐、一致,差异只有在特定条件下才能转化为对抗性矛盾。

任何系统都是差异与协同的整体。差异与协同是辩证的统一。差异总是以协同为基础,协同总是以差异为前提,而任何系统内在的差异、对立又总是和协同相贯通、相联系的。系统在同外界进行物质、能量、信息交换过程中,差异与协同相互转化。差异协同的思维方法与矛盾对立统一的思维方法问题有一定的不同;前者包含着后者,后者是前者的内容之一。对立统一的思想方法,往往是把"一分为二"唯一化,差异协同的思维问题则是系统的、多极的、非线性的、耦合的理解,当然也包括一分为二的思维方式。系统物质世界由一般差异发展到斗争阶段,是差异中的一种可能,而这种可能只有在系统内部和外部条件具备的状况下,才会变成现实。在实际中,绝大部分的差异、差距、不同、区别、不一致等现象,不会轻易转化到对立斗争的矛盾这一阶段。而系统内部的差异,一般是通过协同、融合、共振、对话转变为合力与动力,来推动系统和谐一致的发展。协同产生合力,协同产生动力,合力大于分力,合动力比分动力更能推动系统整体的发展。

关于系统进化问题,系统辩证论这样认为,由于系统内部同外部在环境进行物质、能量、信息交换过程中,内在的涨落与环境随机因素的涨落相适应、相统一,于是出现系统内在涨落的协同放大,使系统无序结构转变为有序结构的自组织能力,这种随机性的、非线性的耦合涨落,是系统进化的原因之一,这叫作随机进化。还有是在外部条件影响下系统的要素质量、数量、序量之间的变化,达到某一个阈值时,系统就发生质变,这种因量变达到一定的度,质变就必然出现,使系统发生进化。这种进化我们称之为因果进化。其次就是一切系统都有一种从无序到有序和自组织的趋势,即从简单到复杂发展的过程,系统通过自身内部组织结构的变化,来适应环境的变化,从而达到确保其生存的目的。系统的这种进化,是由系统自组织的自生性的飞跃与质变和自主性的起初条件来决定的,并通过系统活动行为来达到系统的目的,这叫做目的进化。由此可见,系统进化的原因有其随机性、因果性、目的性。这三个动因结合表现为系统的协同性与竞争性的辩证差异的协同。我们把随机——因果——目的称之为系统进化的根本原因,即"动因核"。

在差异协同律中有两个基本原理,即协同放大原理与和谐原理应紧紧把握住。

协同放大原理主要是指开放系统内部子系统围绕系统整体目的,协同放大系统的功能,系统功能的放大导致系统整体合作行为,使整体大于局部之和,呈现出 1+1>2,或非可乘数的关系。非平衡系统的开放性,使系统内部结构与外部作用产生共鸣与涨落,这是促进系统内部协同放大的外因;系统内部结构的差异的非平衡性,非线性作用是产生系统功能协同放大的内因。开放性是产生有序结构的必要条件,而子系统非线性的协同作用则是产生有序结构的基础,只有协同作用才是产生有序结构的直接原因。非平衡开放系统的协同作用具有多种形态。

和谐原理是指系统之间、系统与要素之间、要素与要素之间、结构层次之间内在的各种差异部分,在整体事物呈现出的协调一致的系统要素之间,发生着一定的有机的相互联系和相互作用,这就消除了它们之间的决然对立,形成彼此中和、融合、渗透,表现出系统整体优化的方向和总目标的一致性。系统在一定条件下,数量比例匀称协调,结构合理而有秩序,从而按系统功能优化的趋势和方向发展。系统整体中的对称性是系统物质内部质量、数量、序量和规律的和谐。对称是指系统的一切方面和一切过程都存在或产生它的对应方面,即现象上相同、形态上对应、性质上一致、结构上重复、功能上相似、规律上不变。所以我们说,协同原理与和谐原理为差异协同律的原理提供了科学的理论依据。

第三节　系统辩证思维的基本范畴

系统辩证论还包括一系列最普遍的范畴,并通过这些范畴的系统展开和发展,从系统事物的各个侧面揭示它们的一般规律。系统辩证的范畴是新的思维形式,对人的认识及其发展具有重要的作用。

系统辩证论的范畴体系不同于传统的以成对方式出现的范畴体系,而是以成对、不成对和"环"——"链"——"核"的多种方式出现的范畴体系。它具有多样性、广泛性、动态性、普遍性等特征。它有力地促进人们从"二极思维"转向更接近系统本质联系的"多极思维"和"系统整体思维",克服以往人们在思维上常常出现的主观性、片面性和僵化性,进一步揭示系统事物普遍联系的有机性、系统性和整体性。

新的思维范畴主要有:联系范畴、发展范畴、过程范畴、社会范畴和认识范畴。

一、联系范畴

我们研究城市系统首先要运用联系来进行思维。系统的联系、结构的联系和要素的联系,以及系统——结构——要素三者之间的有机联系都是系统辩证的关系。

系统经过结构中介连接方式与要素组成了系统整体,它是系统的本质联系和存在方式。系统与要素之间没有结构的连接,那就不成为系统,也不成为要素。把系统——结构——要素组成一个范畴链,就更能有声有色地揭示系统整体的有机性和整体性,揭示系统的因果联系、耦合联系、层次联系、结构联系、功能联系、起源联系等多样性及其规律性,揭示系统运动和发展的具体过程。这一范畴链为现代化科学认识提供了重要原则,为现代科学方法论丰富了新内容。

系统——结构——要素范畴链深化了关于联系的思维,把联系看作系统与要素之间,要素与要素之间、系统内各层次之间、系统与外部环境之间,通过中间环节结构,而相互作用、相互联系。这就使联系有了网络和网络结构,使系统有了立体感。这组范畴使人们的认识对象由"实物中心论"转向了"系统中心论",使人们的思维由二极思维转向三极与多极思维。这一范畴链为人们新的思维提供了整体性原则、相互联系原则、有序性原则、动态性原则、优化性原则。这一新的思维强调从整体出发,在对整体结构、功能等初步综合的前提下,通过结构中间环节,对要素进行具体分析,建立必要的模型,再回到整体的综合。在思维方式上,把综合作为出发点和归宿,以完全认识事物的复杂性为目的,把综合与分析通过中间环节的比较,使之紧密结合起来,同步伴随。综合——比较——分析综合的思维方式是三极思维而不是二极思维。

结构——涨落——功能范畴链的涨落是指结构与功能在系统内部联系的方式。系统要素在结构力的作用下,使要素结合在一起构成系统。结构的方式决定了系统的功能,而功能显现需要有要素内部和外部的环境与系统作用、联系,这种作用和联系则是系统结构呈现功能的涨落。反之,功能在涨落中才把结构的作用显示出来。涨落是结构与功能之间相互联系、相互作用的中间连接方式。结构与功能通过涨落相互联结、相互制约、相互规定。涨落是结构向上向下和功能或大或小的变化。结构通过涨落规定和主导着功能,而功能通过涨落又影响和改变着结构。

在研究城市系统过程中,运用结构——涨落——功能这一范畴链,要注意把结构与功能放在系统的涨落中去研究。根据结构决定功能,功能反映结构,又反作用于结构的原则,可以根据已知的结构推导出它的功能,或是根据已知对象的功能,推导出它的结构。人们可根据同构同功原则,来创造同天然物相同的结构和功能的人造物。目前,城市系统的改革,就是在一定思维和价值取向的支配下,创造社会人造物。改革城市的经济体制,就是改革掉不佳的经济结构及其功能,建立更科学的、促进生产力发展的新的经济结构。城市系统改革的价值取向,是从被改革领域获得新的职能或功能,而新功能的获得,必须从改革其结构入手,尤其是改革其结构核入手。要充分提高政府部门的指导职能、服务职能、协调职能、监督职能、控制职能,就必须调整其机构或结构。职能是通过机构发挥作用的,不改革阻碍职能发挥的机构,职能的发挥就失去了保证。结构与功能的问题,是当今城市改革中应关注的中心问题。

状态——过程——变换这一范畴链,是从系统可分为若干层次,在系统内各层次间普遍存在着高一层次不发生质变的条件下,低一层次则可出现不同方式或不同表现形式的变化。在这一范畴链中,状态是变换的基础和依据,没有状态就没有变换;变换是状态的一种动向和表现,离开了变换,状态也就不能在同一层次的因果关系等方面的联系中存在;状态与变换相互转化,必须经过过程这个中间环节。没有过程为中介层次,状态就不会变换。状态变换(动态)——新的状态——新的变换(动态),如此循环往复,就是系统物质存在的方式和表现形态的基本发展过程和趋势。

二、发展范畴

渐变——状态变量——突变、平衡——定值——非平衡、吸引——能量——排斥这三组范畴,从不同的角度揭示了系统运动变化发展的动态过程。

渐变——状态变量——突变这一范畴链,从系统转化的速度上给以概括。渐变向突变的转化,往往是在系统达到某种极端的状态之后出现的物极必反,系统达到高峰就会向对立面转化。看来一个完善稳定的系统,通过某种随机因素,某种干扰或涨落,系统会猛然间发生雪崩式的变化,这是突变过程。突变向渐变的转化,往往是在系统发生突变后,在新质规定下,出现平稳的变化状态,即激烈的变动结束了,新的变动周期开始了。这时微小的扰动或涨落,对系统没有明显的影响。不论渐变向突变转化,也不论突变向渐变发展,都有一个状态变量为中间环节。在渐变过程中,状态变量达到一定的阈值,突变就会突发性出现;突变向渐变过程的转化,状态变量在一定的阈值范畴内进行变化,是一种渐变过程。在这里我们要注意渐变和突变是相对的,是有层次结构的,是相互转化的。

平衡——定值——非平衡范畴链,揭示了系统差异协同运动状态的范畴。系内部存在着差异的诸因素、诸因素之间又总是构成一定比例和关系。系统的诸要素在比例关系上维持在某一定值域时,诸因素之间则出现协调、和谐、一致、适应或均衡等关系,这时系统处于平衡状态。反之,则称之为不平衡状态。平衡与不平衡之间有一个"定值",即中介。这个定值在系统中,还可表述为"比例量"、"促协力"、"负熵值"等。平衡状态在定值范畴内,系统处于相对的稳定状态中。平衡状态超越定值的制约,系统则出现不平衡。我们认为,城市是耗散结构系统,它一方面不断从周围环境吸取各种物质、能量和信息,另一方面又向周围环境提供物质、能量和信息。实质上城市系统是在非平衡动态中发展变化的。城市系统在改革中,要逐步建立内向开放系统和外向开放系统,并把两者结合起来。城市系统内部与外部在一定值范围内,所处于的非平衡态,能产生一种"促协力",有利于城市耗散结构的形成和发展,有利于保持稳定而有序结构的形成。我们追求的不是平衡态,而是非平衡动态有序的城市经济结构,这有助于国民经济的发展。

吸引——能量——排斥范畴链,从系统观的高度进一步补充和完善了差异协同规律。吸引是指系统相互协同在一起运动的趋势和倾向;排斥是指具有系统事物彼此差异分离的运动趋势和倾向。吸引与排斥都要在一定的能量下来实现。因此,研究吸引和排斥的运动,还要注重研究其相互作用的中介——能量。在系统中的吸引和排斥是互为前提和相互作用的,吸引和排斥在一定的条件下相互转化,吸引和排斥的方式具有多样性和统一性。在吸引与排斥相互转化的过程中,有一个量的此消彼长的过程,当这个消长量达到一定的程度即关节点,吸引和排斥就会发生转化。而吸引和排斥的相互转化就必然会出现吸引——排斥——吸引或排斥——吸引——排斥这样一个层次转化的过程,这对于揭示整个宇宙间系统运动的普遍规律提供了重要的理论基础。

三、过程范畴

有序——序度——无序、有序——现状——无限、控制——信息——反馈三组范畴链,揭示了系统运动发展的过程。在这里控制——信息——反馈对于我们研究现代化城市系统管理这一课题有着特别重要的意义。

信息，是指系统事物内部和系统之间相互联系的特定方式，是系统内部子系统之间一种特定的相互作用。它标志着系统的存在和变化的关系，是系统物质基本属性之一。对信息也这样可以去认识，它是人们借助于一定的系统物质手段探测到的客观世界运动变化产生的新内容。它能帮助人们消除某些知识的不肯定性，改变人们的知识状态从无知到有知，从不确定到确定。系统处于不断的变化和相互转化中，并作为一种信息源，不断地发射。信息、信源、信道、信宿都是系统物质的属性。

控制，是指系统对自身各种要素以及自身与环境关系的调节，这种调节可以使之达到和谐，反之即谓之失控。例如，现代城市就是一个大系统，其中各要素、结构、层次为了维持自身的发展和进步，就要不断地接取信息，并作出反应，不断地调整内部关系和外部环境的联系，以适应变化了的情况。这种调整过程，就是城市系统的控制过程。

反馈，是指把信息的输出又反过来作用在输入端，从而对输入产生影响的过程。在一个控制系统中，有相互作用、相互依存的子系统，其中一方为主动系统，另一方为被动系统。主动系统指的是控制系统，即主动起作用的系统；被动系统指的是受控系统，即被动起作用的系统。控制具有某种目标行为，使系统朝着一定的方向运动。反馈又可称之为被动系统对主动系统的反作用，而且这种反作用，必然使主动系统进行调节，产生新的目标行为。

在控制系统中，控制——信息——反馈互为前提，同时并存。城市就是一个控制系统，要保持其自身的稳定发展，那它就必须具备取得、使用、保持和传输信息的机制和方法。这种信息变换的过程，可以简化为信息——输入——存储——处理——输出——信息，其间存在反馈信息。反馈就是由一个系统的输出信息作用于输入信息，并对信息再输入发生影响，起到控制和调节作用。

控制——信息——反馈这一范畴链，揭示了系统之间、系统内各要素之间普遍存在的一种作用与反作用的联系，这种作用与反作用推动着系统的运动变化和发展。在相对独立的系统中，能够通过作用与反作用，进行自组织和自调节的运动,这种作用就是控制,这种反作用就是反馈。实践与认识的关系,在认识的长河中也是作用与反作用循环往复的关系,其中包括控制联系与反馈联系。城市作为一个相对独立的系统,对它特有的控制与反馈的认识,可以从一个方面描述出它的动态结构和性质,揭示它的因果联系和发展规律,从而使城市的领导者和管理者能够按一定的目的,依据其性质和规律,改造、调整、协调、优化城市的结构。

在研究现代城市系统过程中,运用控制——信息——反馈这一范畴链的辩证关系,从经济——社会——市政建设各分系统中深入考察城市控制的各种机制,并使城市领导者和管理者把握因素全面联系着的城市系统。而这种全面的联系,就是通过控制与反馈信息的联系过程。任何一个灵敏高效的控制反馈系统,都必须是一个负反馈体系,即起到削弱原来输入作用的体系。如果不是,就必须先设法使城市的可控系统成为负反馈体系,再改进负反馈调节的功能,以更加迅速、更加有效缩小目标差,达到城市系统整体优化的目的。控制——信息——反馈这一范畴链,对于我们认识城市系统,加强城市管理,有效地对城市各分系统、子系统进行调控,并能尽快地获得信息的反馈,具有十分重要的意义。

四、社会范畴

劳动力——生产力——社会发展力,这一范畴链中各要素之间是互为前提,互为因果,同时并存。如在生产力系统中也包括"人"(劳动力)的要素和"物"(生产资料和生产工具)的要素的一个有机整体。因此在体制改革过程中,提高劳动力素质,加快科技进步,促进生产力发展,形成无数个力的平行四边形,产生一个总的合力,即非线性的系统合力,这个合力(即社会发展力)推动社会前进。因此,根本的问题是如何调动劳动力(职工、干部等)的积极性。现在国有企业没有搞活,厂长、职工的积极性不高是直接原因之一。因此这个范畴链的优化,是根本的优化,是体改的重要任务之一。

个体——集体——社会这一范畴链,揭示了人类社会的有机性和整体性;揭示了人类社会中个体、集体与社会的系统辩证关系及其发展规律;揭示了人类社会运动和发展的具体过程。在这里个体是指相对于集体的个人,这个个人是有社会的、精神的和肉体的特性个体。集体不是单个个体的简单相加,而是指由某种共同的纽带联系起来人们的集合体。社会是指以共同的物质和精神生产活动为基础而相互联系的人们的总体。个体——集体——社会范畴链是一个有机的系统整体,个体是集体的要素,个体与集体又是构成社会的要素,三者相互联系、互为条件,形成系统辩证的关系。在我们研究城市系统过程中,要牢牢树立起人民群众是创造世界历史的动力,即城市是人民的城市,人民的城市为人民的思想。城市的领导者和管理者在城市这个系统中,始终处于城市系统结构的核心地位,它们是城市系统群众、阶级、政党的“社会核”。在城市中,没有“社会核”,这个城市就没有“聚集力”与“促协力”,城市系统就会处于动乱的无政府状态,城市系统的各子系统就不能协调运转,甚至会发生城市乃至整个社会的动荡,阻碍社会的前进。城市作为社会的大系统,要求其领导者与管理者的结构更加完善,能有一个统一的思想、统一的战略规划,有一个统一的行动,城市社会核的聚集力、促协力就会很强,城市系统的发展就会出现整体优化,就能获得整体效益,就能增强城市系统的辐射力和吸引力。我们要处理好个体——集体——社会的辩证关系,作为个体要与集体、社会协同活动,个体的力量才能显示出来,否则离开集体,个体就一事无成。

五、认识范畴

系统辩证论把主体——实践——客体,表征——表征链——被表征,单义决定——概率——或然决定等范畴链纳入认识范畴链。但这里最为重要的一组范畴链就是主体——实践——客体,把握住这一范畴链,对于我们认识自然界、人类社会和思维本身的规律性,具有重要的作用。

主体和客体在实践的基础上,成为认识论中最重要的范畴链。这是因为主体和客体是人类活动的基本要素或前提。主体是指有头脑会思维的从事社会实践活动和认识活动的个人或集团。主体是人，而人是"自然的、肉体的、感性的、对象性的存在物"①。主体是有条件的，即自然人、社会人、思维人的综合。它在改造自然的过程中，同时改造着自身，以适应改造客体的需要，从而也就不断地确认和巩固着自己的主体地位。客体是指进入主体活动领域并和主体发生联系的客观系统事物，是主体实践活动和认识活动所指向的对象。客体是有条件的，即客观存在实践指向的对象，随时间而不断变化。同主体有不同的联系，客体具有客观性、对象性、社会性的本质属性。实践是指人类有目的的、能动的改造自然和探索世界的一切社会性的客观物质活动。实践是认识的基础，认识随实践发展而发展，实践是检验真理的唯一标准，实践的观点是认识论的首要的和基本的观点。实践具有三维以上的或者至少是三维结构。实践是由物质要素、精神要素、组织管理等要素组成的结构。主体、客体与实践、认识之间的关系具有系统辩证的性质。它们具有不同质的规定性，又相互依存、相互联系，并在一定条件下相互转化。主体——实践——客体形成的范畴链，是系统辩证论中认识范畴的中心范畴。在认识范畴内，除了认识主体和客体及实践活动之外，再没有可以认识的了。系统辩证论把主体、客体、实践、认识看作是一个有机的认识系统，它不仅深化了主体，包括对自然、社会、精神客体的认识，把认识论建立在更科学的基础上。同时，我们看到这一范畴链，使真理标准的讨论推进了一大步，认识是主体对客体的能动的反映。实践是主体与客体的中介环节，它是主体认识的源泉，是主体认识发展的动力，是认识客体的前提和基础。因此，实践是认识系统的中心环节，没有这个中心环节，就没有主体，客体也无人类的认识。

第四节　系统辩证思维的基本方法

随着城市改革的深化，成功与失败冲击着传统的领导方法，形势和任务

---

① 《马克思恩格斯全集》第42卷，人民出版社1979年版，第167页。

迫使城市领导者和管理者对传统的领导活动和行为进行反思,经验与教训要求我们研究现代城市领导科学的规律性。因此,关于现代城市领导方法问题,正在引起越来越多的城市领导者、管理者广大干部和群众的关注。

所谓现代城市领导方法,是指在马克思主义世界观基础上,凡是适应我国现代化建设和改革开放的系统整体法、结构功能法、层次转化法以及包括现代社会科学和自然科学在内的一切科学的工作方法。

系统辩证思维的基本方法,在现代城市系统领导工作中占据着非常重要的地位。它是领导者观察问题、分析问题、解决问题的角度和逻辑方法。领导的职能是领导者依据客观情况而进行的一切必要的领导活动。领导者的这种领导活动和行为是领导方法。领导方法包括领导者的思维方法和工作方法。思维方法对于领导者的工作之所以非常重要,是因为思维是一切行为和活动的先导,左右着领导者的行为。尤其是城市领导者在思维方法上要紧紧地把握现代思维方法中的科研成果,运用系统辩证的思维方法去观察和处理问题。

一、系统辩证的思维方法

系统辩证的思维方法,是指客观事物是由要素、结构、功能而组成的并每时每刻与外部环境进行物质、能量、信息交换的系统整体。一切系统事物和过程都有其自身的结构、层次,并形成运动发展着的系统核、系统链和系统环,任何系统事物和过程都遵循着整体优化、结构质变、层次转化和差异协同规律在发展着,同时把认识主体、实践、客体系统地有机地联系起来进行科学思维的方法。因此,我们说系统辩证的思维方法,是在现代科学基础上,对唯物辩证的思维方法作了具体的丰富和发展,提倡多极的非线性的系统思维范畴和概念,因而给予人们的思维以新的启迪。从这个意义上来说,系统辩证论对现代城市领导的思维方法,同马克思主义哲学一样具有对世界观、认识论和方法论的指导意义。

系统辩证论与唯物辩证论的关系,是方法论整体系统中两个不同层次的关系,犹如初等数学与高等数学的关系。唯物辩证论是方法论、认识论和世界观的统一。而系统辩证论是在唯物辩证论的基础上,吸收当代科学的成果,尤其是系统理论的合理内核而发展起来的一种新的哲学体系,它也具有方法论、认识论和世界观的意义。但两者之间的关系不是矛盾的,是相辅相成的,是不同层次的关系,是高级与低级的关系,是丰富和发展的关系。

现代城市领导者应当从实际出发,把握住系统辩证论的基本原理来研究城市问题和解决问题,使我们的工作在改革开放中,更具有民主性和科学性。系统辩证思维对现代城市领导的思维方法具有以下几个方面的作用:

(一)整体优化的思维

系统辩证论认为,世界是物质的,物质世界是成系统的,系统是由物质、能量、信息并通过要素、结构和层次形成有机的系统整体。

系统整体按照其固有的规律运动和发展。系统与要素、要素与要素、系统与环境之间是不可分割的。系统整体优化是系统事物乃至整个客观世界发展的趋势和方向,也是人类不懈的价值追求。系统整体的性质和属性,存在于其组成的各要素、层次、中介的结构之中,系统整体的功能大于其组成部分功能之和。这就要求现代城市领导者不仅把研究对象及客体作为有机的系统整体来对待,从整体出发、从综合入手,把系统整体的要素、结构、层次和系统整体的物质、能量、信息有机地联系起来,去把握其系统性、组织性、有序性、辩证性等优化的原则。而且,现代城市领导者及其主体也要把自身放入到主体、实践、客体这一范畴链中,去研究这一新的系统整体的性质和规律。传统的思维方法,领导者只研究客体对象的整体优化性,而忽略主体自我和实践过程与手段的整体优化性。主体的整体相对优化、实践过程的整体相对优化、客体的整体相对优化组成一个新的整体优化体。那么,这个新的系统整体才能按优化的原则发展。领导者(主体)——领导过程(实践)——被领导者(客体)形成一个有机的系统整体,不能看成是机械孤立的部分。

现代城市建设,不是小农自给自足的自然经济,而是农业、工业、商业、科技、教育、文化、信息等一系列要素组成的大系统,是一个多层次、多结构、多因素、多目标的系统整体。如何使城市工作达到整体优化,这就要求城市的领导者学会运用系统辩证的整体优化思维方法来研究城市、规划城市、管理城市、建设城市,使领导者能够实现廉洁、科学、文明、高效的整体优化效益。也就是说,我们的思维方法,一定要从传统的"单一"思维、"两极"思维中跳出来,转向"三极"的、"多元"的、立体的整体优化的思维方法上来。

(二)结构层次的思维

系统整体都具有一定的结构和功能,都是结构和功能的统一体。系统的结构值是由系统要素的质量、要素的数量、要素的结合方式来决定的,它是一系统区别于其他系统的内在规定性。结构—涨落—功能组成范畴链。三者的关系是系统的辩证。开放系统都与外部环境进行着物质、能量和信息的交换,形成耗散结构。耗散结构是一种非平衡动态稳定的有序结构,具有很强的生命力。

现代城市的领导者要学会运用结构、功能、层次、中介来研究客观物质的思维方法,并注意结构在涨落中的变动,会引起功能的改变。要达到某种功能,就要适应内外部的涨落条件,不失时机地调整其结构,来实现领导者的决策意图。领导者要善于把自己的领导系统变为非平衡的动态的稳定有序的耗散结构,与外部环境进行物质、能量和信息的交换,使领导的系统单位更有活力和竞争力,不至于落后于周围环境。另外,领导者要在分析、研究、处理问题时,一定要注意系统的层次等级秩序原理,尤其是在问题和矛盾不易解决时,要特别注意寻找层次之间的中介,经过中介使问题和矛盾的层次发生转化,以求问题的解决。例如,在现代化城市管理中,运用结构层次的思维方法来指导工作,最为有效的方法就是推行"目标管理"。城市是一个大系统,而各个部门、行业、委办局,一直到基层单位,又是城市这个大系统中的子系统。各个系统根据系统的目的性,采用优化的方法进行结构层次的目标管理,以期使目标达到最佳的效果。

从城市整体来看,首先要有一个清晰的蓝图及目标;其次要有达到目标的运行机制,包括机构配置的合理化,管理规范的制度化,信息控制的科学化,领导决策的民主化;再次是选用人才。从市政府、委办局、区旗县到基层单位,按系统结构层次进行目标管理。人人都是目标的制定者,又是目标的执行者,自上而下形成一个由若干层次目标组成的目标体系;反过来又自下而上层层负责完成本职范围内的目标任务。并按跨度实行首长负责制,一级抓一级,有层次秩序的分级归口管理。这样就形成了由干部和职工全员、全过程、全面参加的自我调控、自我激励、自我管理的差异协同整体。推行目标管理,对政治体制改革和政府职能的转变,一定会起到积极的作用。

系统的结构层次思维方法,是推行目标管理的理论基础,也是现代城市领导者实行科学管理的理论依据之一①。

(三)信息控制的思维

系统的运动和发展都具有其目的性,而这种目的的实现过程,要排除种种随机因素的干扰和许多发展的可能状态,这就要对系统反馈信息进行控制,使系统运动趋向于一个目的。系统的控制——信息——反馈组成范畴链。任何系统的信息输出、加工和输入,都离不开对信息的控制。只有充分利用和控制信息流,才使系统能够维持正常的有目的性的运动。现代城市的领导者应当把信息的重要性放到非常重要的地位去对待,去研究。同时要善于借助数学方法和计算机对信息进行定量分析,制定优化目标,使用控制机制,来保证系统整体优化。在这里,现代城市领导者一定要由传统的只注重物质和能量的思维方法,转向现代化的物质、能量、信息并存的思维方法上来。这不仅因为所处的时代是信息的时代,系统离开信息就无法控制;更重要的是信息是无形的财富,信息是决策的依据,信息是雄厚的资源。

(四)非线性的思维

非线性思维就是要从系统内外的多要素、多联系、多变化、多功能、多趋向的变量中去思考问题,去求解问题。组成问题的因素是多方位的,是随机变化着的,是高关联的,是多因多果的联系。因此,它比线性思维更符合实际,更具有立体性和丰富多彩性。线性思维把事物之间的联系,不加分析地一概当做是按等比变化或近似等比变化的线性体系。线性思维只考虑其中

---

① 乌杰:《系统辩证思维与管理》,中国卓越出版公司1990年版。

的两个因素为变量,而对于其他因素变量则略去不计,这就人为地把立体当成平面,把网络当作平行线,把曲线当作直线。线性思维实质上就是传统的"两分法"、"两点论"、"一刀切"和"单打一"的思维方法。例如,线性思维在生产力和生产关系的问题上,认为生产资料公有化程度越高,对生产力的促进就越大;在分配问题上,不管简单与复杂劳动,只有劳动时间越长,报酬似乎就要越多;在投入产出关系上,以为投入的越多,产出的也越多;在群众与效益上,以为群众运动越轰轰烈烈,经济效益就越大等。这种传统的两点一线的思维,使领导在决策上酿成偏差和失误,已有了沉痛的教训。

非线性思维认为,生产力和生产关系并不一定构成线性关系,而是存在着非线性关系。影响生产力的不只是生产关系,影响生产关系的也不只是生产力,而两者都受其所处的政治、文化、教育、科技、军事、国际环境等因素的牵制,两者之间在坐标中,不是只有一个单值的对应点,而是有一个多值的对应区。因此,生产力的发展不仅与生产关系有关,而且还与生产者的素质、管理水平、生产手段有关。生产关系超出一定的阈值时,生产力不仅不能得到发展,相反还会被破坏。

现代城市领导要把握住非线性思维,但也不能简单地抛弃线性思维,而是把线性思维当做非线性思维的一个部分或是基本出发点。只有这样,才能够比传统的线性思维更全面地反映系统事物多结构、多功能、多前途的本质和规律。

(五)差异协同的思维

差异协同的思维方法,是指根据系统辩证论中差异协同规律进行思维的方法。

看待系统物质世界,不仅是一个整体优化的同一体,而是一个系统与环境之间、系统与要素之间、要素与要素之间存在着结构层次的差异性、协同性、和谐性,并贯穿于系统整体的一切方面和一切过程中。系统事物的差异协同性,决定了系统事物发展的多极性、非线性、多因多果性和多趋势性。差异具有普遍性,差异的各要素当中,对立是少数的,斗争是个别的,绝大多数方面和较长时间的过程里,系统的差异处于协同、融合、和谐、一致的状态中。系统内部与外部的差异,通过协同、共振转变为合力与动力,来推动系统整体优化的发展。协同产生合力,协同产生动力,合力大于分力,合动力更能比分动力推动系统整体的发展。

现代领导者要善于在差异中寻找协同与和谐,如"求大同存小异"、"比、学、赶、帮、超",就是在差异中寻求协同的思维方法。差异协同的思维方法,不仅仅承认系统的差异性、协同性,更重要的是这种差异协同不是双方的、对立面的、双值的、线性的思维方法,而是系统的多因素、多极、多重、多值、多趋向、多结果的非线性与非对称的差异与协同,是整体性的差异与整体性的协同。

差异协同的思维方法,承认系统事物的产生与消亡、绝对与相对等方面,更重要的要承认事物、过程系统都是具有绝对的一面,又有相对的一面,还有相互转化的一面;既有产生的那一天,必然要有消亡的那一天,更重要的是在产生与消亡之间还有生存的那一漫长的过程。差异协同思维方法,更注重系统生存的那漫长过程的整体优化,更注重研究生存的合理性、稳定性和优化性。

差异协同的思维方法与对立统一的思维方法的根本区别在于,它们看问题的着眼点、解决问题的方法和问题发展的结果是根本不同的。前者注重问题的多因素组成的整体差异协同,解决问题是根据系统在随机性、因果性、目的性中,从要素、结构、功能以及系统与外部环境所进行的物质、能量、信息交换的情况,从复杂的多因素中求解出整体优化方案,其结果是协同、和谐、竞争、融合,也包括消亡,即结果的多向性。而后者则只注意问题的两个方面的对立和斗争、产生与消亡等,解决问题只靠抓主要矛盾,其他问题就会迎刃而解,其结果只能是一方吃掉一方,即结果是唯一的。因此,对立统一的思想方法更适应于革命战争年代,是斗争的哲学;差异协同的思维方法更适用于经济建设的年代,是建设的哲学。

在社会主义经济建设和改革开放中,注意生产者的主体性、等价交换性、供需平衡性、政府行为的规范性、经济增长的适度性;同时还要注意市场的完善性、信息的准确性、适度通货膨胀率、适度失业率等等。更重要的是在市场不完善、信息被扭曲、供需不平衡、在通货膨胀,失业和较小的动态非平衡状况下,如何求解整体优化的发展,这就是系统辩证的差异协同的思维方法。差异协同的思维方法,适应经济建设,适应改革开放,并能对时代性的问题作出科学的回答。

生产力发展的不平衡性,使生产力的结构呈现出多极的层次来。多层次结构的生产力要求思维方法也要具有系统性、结构性和层次性。现代化大生产、大经济、高科技研究,国家、部门、地区的宏观领导,只能运用系统辩证的思维方法进行工作,这属于现代的高层次的思维方法。一般的领导者、管理者,起码应当运用唯物辩证的思维方法,比较落后的农村、手工作坊、家庭等仍在运用传统的家长式、经验式、父母官式的思维方法。这说明生产力水平、政治文化现状、意识形态的不同,就需要不同的思维方法。这种思维方法的层次性的状况,不能说明用传统的思维方法的合理性,只能根据政治的、经济的、文化的发展,来逐步推行现代的思维方法。在这里应当强调指出的是中高级干部在进行社会主义现代化建设和改革开放中,必须运用系统辩证的思维方法,而不应该简单地运用传统思维方法。目前我们相当多数的城市领导者们还没有从传统的思维模式中解放出来,仍在沿用新民主主义革命时期的思维方法,这就不能不使我们的经济建设和改革开放出现失误,甚至是严重的失误。

总之,思维方法不是具体的工作方法,不能把它看成是可以死背硬套的公式,它仍然是领导方法中的一个部分。必须把它同实践相结合,同千变万化的系统整体和外部环境相结合,加以灵活运用,以提高现代城市领导者的管理水平。

二、现代领导的工作方法

系统辩证论作为方法论,就是要求现代领导者用系统和辩证的观点去观察问题和解决问题。系统辩证论的方法论的内容十分丰富,本身就是一个庞大的系统整体。依据世界观、认识论和方法论三者统一的原则,世界的本质是物质的,物质世界是系统的、系统是由要素结构、层次组成,并通过物质、能量、信息而有机联系的整体,系统物质世界是按固有规律不断发展变化的。用这样的世界观去观察问题、研究问题和解决问题,就是系统辩证论的方法论。

在这里就现代城市领导的工作方法,着重就以下几种方法进行讨论:

（一）系统综合方法

系统综合,就是按照系统的要素、结构、层次、发展过程的内在联系,在思维中复制和设计系统整体的综合方法。这是对传统综合方法的发展和创新,主要表现在如下三个方面:

一是系统综合的非加和性。系统作为由诸要素所组成的具有特定功能的整体,其整体性能并不是各组成部分性能的加和,这就是系统的非加和性。由于系统各组成部分的相互作用、相互联系、造成了彼此活动的加强、彼此属性间的筛选以及某些协同的功能,由此而形成了系统的新质态——系统整体性能。

二是系统综合的逻辑次序性。这就是要求综合必须遵从一定的逻辑次序,并指明了这种逻辑次序是由系统的内部结构所决定的。系统的结构是其组成要素特有的排列组合方式,是系统的各级组成要素之间的顺序性和层次性的体现。既然要素之间不同的排列组合形成了不同的结构具有不同的功能,结构与功能不同又是系统相互转化的标志,系统综合就应该依据系统结构所固有的联结次序进行。

三是系统综合的创造性。"综合就是创造"。所谓创造性活动,指的是人们发现客观对象的新性质、新关系、新规律,形成反映事物本质的新概念、新思想、新理想,计划、制造和获得新的物质客体和精神产品的一种认识和实践活动。创造性的本质就是对尚未被揭示出来的客观事物的关系、本质和规律的发现和运用。

（二）系统分析方法

现代系统分析是对传统分析扬弃的产物。运用联系的观点、发展的观点、层次的观点去丰富分析方法,从而形成崭新的系统分析。系统分析就是把认识对象放在系统中进行分析的方法,系统要素分析、系统动态分析在实际运用中,这几种系统分析方法是紧密联系在一起的,并以差异分析方法贯穿于其中。

系统要素分析,就是从系统观点出发,将所考察的对象放在它所实际隶属的系统,以及该系统所处的特定环境中,作为系统的要素(或子系统),在它和系统整体的联系中以及和其他要素的相互制约中进行分析的方法。

系统动态分析,就是研究系统事物运动变化的分析方法。系统动态分析,首先,涉及到系统演变过程中质变和量变、结构与功能之间的辩证关系。其次,对事物过程中的差异分析,是进行系统动态分析的基本依据。事物发展过程的阶段性,事物发展中量的积累和质的飞跃,根源于事物内部的差异性。只有对系统中的差异发展过程加以分析,才能更深刻地揭示系统的发展演变,才能为系统动态分析提供坚实的科学依据。再次,现代系统科学中有关系统演化的理论,进一步提出了进行系统动态分析的依据。系统动态分析具有传统分析所不能取代的特殊的认识作用,它是认识系统的发展规律,在系统动态中揭示系统及其组成要素性质的重要方法。

(三)系统辩证的整体方法

系统辩证的整体方法是系统辩证论所特有的方法。这种整体方法不是马克思谈到的一些人所特有的"混沌的整体"的观察方法或研究方法,也不是孤立的即离开细节的片面的或原始的整体方法,而是"清楚的整体"的方法。如贝塔朗菲本人所说的是整体"透视"的方法。简而言之,这里的"整体"是指事物的全部要素及其联系,是指的完整的事物。

整体的方法在过去比较难以做到,因此人们称以往时代的自学方法是"分析的时代",这主要是因为当时的条件还不具备。在当代,借助于信息的控制技术,借助于数学和各种科学,特别是借助于计算机等其他现代手段,人们就可以直接地普遍地对各种复杂事物进行整体的认识,这称之为"综合的时代"。

整体的认识具有很大的优越性。例如,一架机器,如果把它分解开,就难以认识它的整体性能。对于生物来说,如果加以分解,可以说它已不是本来意义上的生物了。因此,对一系列生物,特别是当代的许多事物,要强调从整体上去认识,我们才能真正懂得它的本来情形。

运用整体方法,要特别注意优化的方法。我们不是为了整体而去研究整体,而是要使整体朝着优化的方向发展。这是系统辩证论的整体方法同一般的整体方法的一大不同。

(四)系统辩证的结构方法

结构方法认为一切事物都是有其结构的。只有一定的结构才能有一定的质和一定的功能。结构改变了,事物的质会随之而变化,相应的功能也不同了。因此从结构角度研究事物,是对以往从量和质的角度研究事物的一大发展。事物的结构有很多,由此形成不同的系统。如平面结构、立体结构、系列结构、时空结构、多维结构、网络结构、封闭结构、开放结构、简单结构、复杂结构、静态结构、动态结构、耗散结构、突变结构、核心结构、循环结构,等等。因此,结构方法是系统辩证论的一个重要的方法。

(五)系统辩证的层次方法

一切事物不仅是有结构的,而且也是有层次的。对于复杂的事物来讲,往往有许多纵横、内外、上下不同的层次。例如,对世界的观察,可以有宏观、微观、宇观等不同层次。还可以分为涨观、宇观、宏观、微观、渺观等层次。对于生物来讲,也可分为许多层次,如细胞、器官、个体、群体、组织、社会等多个层次。辩证哲学过去虽然有层次的含义,如上与下、好与坏、高与低、整体与部分、横与纵、差异与矛盾等,但是不够完全,而且主要是讲的极端的或粗略的层次。当代科学的发展,对哲学提出了精确化的要求。因此,层次方法就日益成为人们所接受的一个普遍的哲学方法。

依据层次方法,人们在对事物的观察,要重视介于矛盾或对立两极之间的层次,例如上与下之间的中间层次,赞成与反对之间的弃权层次、先进与后进之间的一般层次等等。从许多场合来看,中间层次是大量的,因此,如果仅仅看到对立的两极层次,那是很不完善的,用来解决问题就会犯错误。层次方法还主张对一个事物究竟有多少层次,要作具体分析,不能主观地用两层或三层的固定模式去看待,同时在看到事物的诸多层次时,要把它们作为一个有机的系统去认识。层次方法在科学研究、企业和行政部门的管理中,具有重要的作用。目前国内外推行的目标管理方法、层次管理与层次决策,就是依据系统层次方法制定出来的。近年来,有的城市实行目标管理这一方法收到了很好的效果。

（六）系统辩证的序列性方法

任何一个事物都是一个诸多因素、诸多成分组成的有机系统。但是这些因素、成分之间并不是杂乱无章的,一切事物都有其序性,只不过这种序性之间存在着差异,强调事物的无序向有序的发展和转化。所以,这一方法对于人们的认识活动和实践活动来说是重要的。当前,在改革和建设中理顺各种关系,对于深化改革和推动改革,具有重要意义。

（七）系统辩证的协同方法

事物中存在着各种各样的差异乃至对立,因而是多种差异的统一体。这些差异在事物的存在、发展和进化过程中,固然有其排斥、对立乃至冲突与斗争的一面,但是主体的方面则是吸引、协调和互补。它是事物中具体本质性的东西。天体演化中如果没有物质的协同,就形不成各种星球和星系。生物如果没有协同,就会全部毁灭。人类如果不能协同,就不能存在和发展。一个国家、民族如果不能协同,这个国家和民族也就不能生存和进步。当然,对人类而言协同有自觉的协同与非自觉的协同。系统辩证论强调自觉的协同,这是人类社会发展的真正动力。这种协同并不否认差异,因为它是差异的协同。运用系统辩证论的协同方法,把全国亿万人民协调起来,把全国各种经济活动协同起来,把全国人民的社会生活,把政治、科学、教育、法制等协调起来,就会大大促进我国的各项事业的发展,使中华民族以新的姿态和风貌立足于世界民族之林。

（八）系统辩证的工程方法

系统工程的方法早已有之,古代的许多建筑,我国的都江堰水利工程,都体现了这一方法。但是,在当代,系统工程的方法尤其引人注目。美国、前苏联、中国的宇航事业的成功,无不得益于系统工程。系统工程不仅可以运用自然科学和各项工程技术,而且也可以运用社会科学。甚至一项重要的科研任务,也可以视为是一项系统工程。所以,"工程"的概念现在已经大大地扩展了,日益普遍化了。同样,系统工程作为一种方法,也日益引起人们的广泛注意和运用。这一方法虽然名为"系统工程方法",但实际也包含着辩证内容,要处理各种矛盾的关系,所以,它是系统辩证的工程方法。系统辩证的工程方法,尤其具有实践色彩,有助于克服哲学的纯理论倾向,有助于使哲学同人类的实际活动密切结合起来。因此,把它作为普遍的方法,作为哲学的方法,也是当之无愧的。

(九)系统辩证的优化方法

系统辩证论强调优化或满意的解决问题,而优化方法的前提条件,就是在解决问题的一系列方法中,它是相比较而存在的,是个相对优化的概念。它有两个方面的含义:一方面是在解决同一个问题过程的众多方法中,优化方法比其他方法投入少并能达到预期目的;另一方面是在解决问题所得的结果及达到的目的,比其他方法所得的结果比较优化。前者就同一个目的或目标而论方法优劣,后者是就方法与目的、目标两者而论优劣。在采用优化方法前,有一系列的比较、分析、测算、论证、设计等大量的筛选工作,这个过程实质就是方法优化的系统过程。这是优化方法优越于传统方法的一个显著的特点。

优化方法的优化标准是客观的。因为人类的价值追求就是要在改造和认识客观世界的一切实践活动中,都要尽可能以低的物质和精神的投入,取得尽可能大的价值。解决问题和达到目标的现实中,优化的标准是客观存在的,这个标准就是表征方法与目的是否优化的客观尺度。

优化方法实施的步骤:第一步,确定目标;第二步,制定实施方案;第三步,具体实施;第四步,方法与目的的鉴定。

在这里有两点应该说明,一是无论目标的确定,还是实施方案的筛选,也无论是具体实施和最后的结果鉴定与评价,都要运用最先进的手段和方法。优化方法要求决策者本身的素质要高,并配有先进的手段,还有优化的组织形式,这里在手段一定的前提下,决策者是关键,组织优化是基础。二是要把优化法看成是个动态的系统过程,要把随机——目的——因果等各种动因考虑进去,一旦有某种涨落起伏,使优化整体能不断调整自身以适应各种环境变化。系统辩证的优化方法,要坚持系统整体的要素、结构、层次、过程和中介的优化,坚持把目的、方案、手段、实施等不同阶段实行等级序列优化,那么这个方法就具有哲学的方法论意义。

(十)系统辩证的开放方法

系统的开放方法是指系统与它所处的外部环境进行物质、能量和信息交换过程中协调有序的方法,也是系统与环境优化的方法,任何一系统都是对环境开放的系统,只是在系统开放程度大小上有区别而已。

所谓系统开放方法,是指在研究和认识对象系统时,必须把它放在环境大系统中加以开放性考察;在规划、设计系统时要有开放眼光,使系统内部的子系统之间、系统与环境之间保证充分的物质、能量和信息交流,使系统的减熵趋势得以维持,并保证系统的有序程度向优化的方向发展。

在应用本方法时,要注意这样几点:一是开放是动态的,系统的开放性也是在动态与过程中实现的,开放方法也要坚持在动态的方法中使用。二是开放性是由系统内在结构和功能的属性决定的,开放方法也应该由系统内在结构和功能展开的程度来使用。也就是说,要使系统与外界开放,首先要从系统内部的结构改变着手,来使用开放方法。三是系统的开放有一定度的限制,要掌握围绕系统整体优化这个目标进行开放,系统开放不是无条件的,而是有条件的,要保证减熵的增加,防止正熵的流入。四是要注意分层次,按等级秩序进行开放。系统内的开放,与系统外的开放要有机结合起来。在开放时,一旦出现正熵流,使系统产生无序因素时,要敢于使用封闭手段,进行内部有序化的治理和整顿,其目的是为了更好地使用开放方法,保证系统整体优化的发展。

总之,系统辩证论作为一种哲学,具有许多具体的方法。可以说,系统辩证论的所有规律、范畴,都能转化为工作方法或具有哲学方法论的意义,反映了本世纪30年代以来特别是近二三十年来人们在这方面所取得的重要成果。因此,对于指导人们的认识和行动,以提高现代城市领导的管理水平,是很重要的。

运用系统辩证论的思维方法和工作方法来研究现代城市系统,并不排斥我们通常所运用的行政手段、经济手段、咨询手段、法律手段和宣传教育手段对城市进行管理。我们主张在运用这五种管理手段时,要自觉地采用系统辩证思维方法和系统辩证的工作方法,与其融为一体。系统辩证思维属于认识论范畴,系统辩证的工作方法属于一般方法论范畴,而五大管理手段是具体的工作方法范畴。我们提倡现代城市领导者和管理者把系统辩证论的认识论、方法论同具体的工作方法有机地结合起来,以提高现代城市系统的管理水平。

第五节　运用系统辩证思维研究现代城市系统的重要意义

运用系统辩证思维研究现代城市的内容很广,不仅要研究现代城市发展的历史、性质与职能、规模与布局、经济结构与经济关系、外在联系与整体经济效益、管理体制与发展战略等问题,还要研究领导者与管理者如何管理好现代城市等问题,尤其是要研究现代城市领导者和管理者的领导方法,对于研究现代城市管理具有重要的意义。

一、系统辩证论是现代城市管理的理论基础

现代城市是系统整体,对现代城市系统的领导与管理,必须运用现代领导与管理科学,既要运用现代领导与管理理论来指导,又要借助于现代领导与管理的方法与技术。而系统辩证论则是现代自然科学、社会科学、思维科学的理论成果,这是高度理论基础上的综合与发展,它具有很强的时代特征,它为研究现代城市系统提供认识论、方法论和价值论。运用系统辩证论的基本观点、基本规律、基本方法、基本范畴对现代城市管理进行研究,提供了世界观、方法论和认识论。因此,我们说现代城市系统管理需要运用新的理论基础,这就是系统辩证论。

现代城市系统整体,实质是一个非平衡态的开放系统,它每时每刻都在

与周围环境进行着物质、能量、信息的交换。现代城市管理工作就是通过各种机制如计划、协调、控制、管理,力求使城市系统的非平衡在一定的阈值中,形成动态的有序结构,以求得现代城市系统的整体效益,推动城市各项事业的发展。这就是现代城市管理研究的内容。从这个意义上讲,运用系统辩证思维来研究现代城市管理,主要是探索现代城市管理过程中的一般规律、机理、条件和实施的具体途径,使城市系统在非平衡态下,由混沌无序的状态变为在一定阈值内的有序结构,使城市管理工作廉洁、科学、文明、高效。要实现现代城市系统的这一目标,就必须把系统辩证思维即系统辩证论作为现代城市管理研究的理论基础。

二、党的中心工作要求我们要研究现代城市系统的管理

十一届三中全会以后,党的工作中心转入社会主义现代化建设。党的十二大提出社会主义物质文明和社会主义精神文明一起抓;党的十三大提出社会主义要使经济建设转到依靠科技进步和提高劳动者素质的轨道上来;党的十四大提出建立和完善社会主义市场经济体系。党的这一重要的战略思想转移,同时也就要我们围绕这一新的战略任务来转变过去那种抓主要矛盾、搞群众运动、高度集中统一的传统领导方法,以现代科学领导方法指导工作。这是因为现代城市系统所面临的根本任务、社会的主要矛盾、政治结构、经济结构、文化结构,乃至阶级力量的对比,都发生了根本的变化。在这一新的历史条件下,我们仍然沿用战争年代的领导方法,来管理现代城市经济建设工作,显然是不适应的。新中国成立后,我们的工作之所以出现失误,很重要的原因之一,就是没有及时把战争年代传统的领导方式,转变为适应经济建设的现代科学领导上来。所谓科学领导,是指符合系统事物发展规律的领导,是在认识和把握系统事物发展的客观规律基础上,正确地、充分地发挥领导者的主观能动性的领导。进行现代化建设,就需要具有现代科学知识的领导者,就需要现代的领导方法。否则现代化建设就难

以按预计的速度进行,难以实现四个现代化。

在《中共中央关于经济体制改革的决定》中,关于城市的作用有这样一句话,"城市是我国经济、政治、科学技术、文化教育的中心,是现代工业和工人阶级集中的地方,在社会主义现代化建设中起着主导作用。只有坚决地系统地进行改革,城市经济才能兴旺繁荣,才能适应对内搞活、对外开放的需要,真正起到应有的主导作用,推动整个国民经济更好更快地发展。"因此,依据党的中心工作,更好地发挥城市的主导作用,我们必须注重对现代化城市管理工作的研究。

建立社会主义市场经济的根本任务要求我们要研究和把握现代城市领导与管理方法。目前,我国正处在建立社会主义市场经济的历史阶段,这个阶段的根本任务是发展生产力。从生产力标准来看,人是生产力中最活跃的最革命的因素,人的作用能否充分发挥出来,发挥得如何,除了生产关系的作用外,很重要的原因就是人的素质,尤其是领导者的素质。在这里,现代的领导方法对生产力的发展具有重要的导向作用。据有的材料讲,中国现有的工厂企业的生产效率只有日本的1/10,关键在于缺乏现代的领导方式和科学管理,如果提高了科学管理水平,中国现有的生产力水平即可提高2至3倍,甚至5至10倍。这说明发展生产力就要提高科学管理和把握现代城市的领导方法。否则,即使有了先进的生产力而没有现代化的管理方法和城市产业政策的制定与优化组合,也不能充分发挥其作用。

三、改革开放中出现的经验和教训要求我们
要认真研究现代城市系统的管理

运用系统辩证论的基本原理研究现代城市系统,是城市政治体制和经济体制改革的需要。城市改革本身就是一个复杂的系统整体,是一个系统过程。在改革系统过程中,它又包含着许多分系统、子系统、微系统,主要是由经济管理系统和政治系统中社会系统和市政系统组成。城市系统整体改革如何,是由经济体制改革和政治体制改革所决定的。改革城市经济体制、

发展到一定的程度,必然要求政治体制作相应的改革。政治体制不作相应的配套改革,经济体制改革就难以深入下去。在城市经济体制这个系统整体中,又有国民经济计划系统、财政系统、金融系统、物价系统、税收系统、流通系统、工业管理系统等等。诸多系统运行状况,直接或间接影响着城市经济管理体制这个系统的运行。例如,物价改革涉及许多行业、领域、部门,乃至千家万户,稍有不慎,实物价值与思想承受能力一旦超越某个阈值,就会出现社会的动荡以至影响整个改革的历史进程。

在城市改革的过程中,各系统之间、各分系统之间、子系统之间、微系统之间都会相互联系、相互作用,出现许多非线性的随机因素,各种倾向性的偏离每时每刻都会出现,稍有疏忽,预定的目标和方向就会落空。因此,使城市改革达到一定阈值内的平衡,达到城市系统效益的整体优化,达到城市预定的战略目标,这是改革中急需解决的重要课题。既然城市改革是一个系统,就应当运用系统辩证论的观点和方法去研究问题、考虑问题,去制定城市改革的方案。并运用控制——信息——反馈,随时排除各种随机干扰因素,按照改革系统整体优化的目标,去控制和纠正各个系统运行中超越阈值范畴的偏差,使城市改革在动态平衡中正常运行。

改革开放中出现的经验和教训要求我们要认真研究现代城市系统的管理与领导。15年改革的成就是巨大的,并且仅仅是一个开始,也是一个极好的开端,但存在的问题也是不少的。经验与教训要求我们必须认真研究现代城市领导方法,在决策过程中并把它民主化、科学化和制度化。改革开放的实践,使我们对世界大量的现代科学、现代技术、现代管理增加了知识,开阔了眼界。同时,在改革开放中,也涌现了不少具有中国特色的现代城市系统的领导方法,这些都需要我们去学习、去总结、去检验,在实践中找出改革开放的特点和规律来,以提高现代城市系统管理与领导的科学水平。

四、系统辩证思维能为城市改革提供理论

随着新的科技革命的到来,新的生产力的发展,生产力的分布,城市的

经济结构、社会结构、城市建设、生活方式都将发生变化。这就要求城市领导者和管理者密切关注城市经济结构、人口结构、就业结构的发展趋势,关注信息产业结构的调整,关注城市经济、技术、社会发展战略和发展规划的制定。在新形势下,城市经济结构如何才能符合科技进步和生产力的发展,使城市经济繁荣,这就需要系统辩证思维所提供的科学理论,对城市经济进行科学的、全面的、系统辩证的研究,使城市发展战略和规划建立在对城市系统正确认识的基础上。

《中共中央关于经济体制改革的决定》中指出:"必须按照马克思主义基本原理同中国实际结合起来,建设有中国特色的社会主义的总要求,进一步贯彻执行对内搞活经济,对外实行开放的方针,加快以城市为重点的整个经济体制改革的步伐,以利于更好地开创社会主义现代化建设的新局面。"加快城市经济体制改革步伐,就是要加快社会主义工业化,由此而带来城市化进程的加快。我国城市化的道路如何走?是走发展乡镇工业,加速小城镇建设之路,还是走发挥大中城市经济中心作用,以中心城市的辐射力与吸引力来促进城乡一体化之路,还是走西方工业发达国家所采取的城市经济局部分散化之路呢?这些问题需要运用新的理论为指导进行研究。

系统辩证思维认为,经济体制改革,必须要加快现代工业化的实现,加快城市化进程的步伐,这是城市经济发展的必经之路。但具体的路怎么走,这要由不同区域、不同生产力水平、不同城市产业结构来决定。特大城市、沿海地区一个层次,应走经济局部分散化与加快小城镇建设之路,在中等城市尤其是生产力比较落后地区的城市应当走继续完善中心城市作用,以较强的辐射力和吸引力来推动城乡一体化之路。城乡一体化之路最终的实现,需要许多条件的具备,特别是城市经济结构的完善和其功能的充分展示。如果过早限制已有城市经济的发展,以此来过快扶植乡镇工业的发展,都不符合城市化发展的规律,结果反而延缓城乡之间的融合过程。唯一正确的道路是按城市系统整体优化,城市经济结构的质变,不同层次上经济行业部门发展中的转化和城乡之间差异协同的规律办事,加快中小城市的发展,加快中小城镇的规划与建设。

系统辩证思维为城市经济体制改革方针政策的制定提供了认识现代城市系统的基本原理和方法论基础。城市经济的本质是商品生产与商品交换,其特点是空间规模聚集性强,财富的集中与增值性强,专业化协作性强;其发展规律是价值规律,其要求是以最小的投入获得最大的效益。我们发展社会主义的市场经济,进行经济体制改革,最根本的是要使体制符合市场经济的性质、特点、规律和要求。从一些城市经济体制改革的实践来看,把城市经济搞活的一个关键问题是完善城市商品经济自身的结构,疏通渠道和相应的配套的服务设施、基础设施,以及政府功能的转变,等等。

五、系统辩证思维促进城市领导方式的改革

现代的领导方法的研究,不仅是一种偶然现象,而且带有历史的必然性,带有鲜明的时代特征。这可以从以下几个方面来说明:

第一,现代化经济建设的客观规律要求改革现代城市传统的领导方式。城市现代化经济建设是在现代化大生产条件下进行的,它要求对小生产条件下与之相适应的领导方式“经验领导”进行改革。也就是说必须用领导的民主化、科学化、制度化去改革传统的领导方式中的主观主义、经验主义、本本主义、唯意志论、独断专行的家长作风,代之以新的系统整体的调查研究、民主制度层次、朝气蓬勃的现代领导作风和工作方法。城市现代社会大生产不同于规模小、技术落后、信息量小的半封闭式的小生产系统,城市现代化大生产完全是一个每时每刻都在进行着大量物质、能量、信息交换的开放式的现代化大生产的系统。各生产单位都是这个生产系统整体中有机联系的要素,其特点是经济上一体化、生产上科技化、社会上信息化。生产、分配、交换、消费等各个范畴,规模庞大、结构复杂、目标多样、功能综合等都超越了传统的方式,只靠领导者个人的能力是难以把握的。只有靠现代的领导方式才能组织和领导城市现代化经济建设。

我们党在长期革命战争中曾倡导过的工作方法,都曾是行之有效的工作方法,至今仍然是我们应该继承的宝贵财富。但是必须看到,党的十一届

三中全会以后的情况更复杂、更深化了,仅仅运用传统的领导方法,显然是不行了,必须运用系统辩证论的基本原理来指导领导工作。例如,"解剖麻雀"的领导方法,在城市社会化大生产中运用,就不难看出其方法的局限性。"解剖麻雀"的方法,首先应当分清主体、实践、客体各自的情况。作为解剖者主体是否具有现代化大生产的科技知识,是否具有解剖麻雀的实践经验,是否具有较为开放的思维方式,是否把客体以系统看待,也就是主体是否在整体优化方面具有现代领导者的素质,而这个主体是整体领导者的代表。其次,麻雀客体的系统整体是否具有代表性,其结构是否合理,其功能是否完善,其层次是否健全。另外,实行解剖也是一个系统过程,有一个有机的程序、时间、结构、层次等科学方法问题。解剖麻雀的主体、客体和实践假如有一个系统不尽合理、不尽科学,解剖的结果就会谬之千里。更何况传统的"解剖麻雀"方法,把活的变成死的,把动的变成静的,把局部变成全局的,并且不分主体、客体、实践的、系统性、科学性,更不考虑主体、客体、实践与外部环境,与内在世界都存在着随机变化的因素。因此,结论很难正确,更不能盲目把结论推而广之,因为客观世界也是一个更大的系统结构。

过去,凭借个别典型事例,不作定量结构分析,就对重大问题作出判断,如"大跃进"、"大炼钢铁"、"以钢为纲"、"阶级斗争为纲"等等,都有沉痛的教训。城市现代化建设要求现代化的领导,一方面要求现代化领导者要具有现代科技知识、实践经验、科学的思想方法与工作方法,同时也要靠领导成员集体的智慧和才能与一大批各行各业的专家、各种专门决策研究班子,以及专家和群众相结合建立起来的高效的、优化组合的、反馈畅通的领导系统。其中,很重要的一点,就是城市领导者及其决策班子成员必须具备现代化的战略头脑,审时度势,通观全局,具有系统综合分析能力,勇于创新,敢于科学决策。因此,研究与把握现代领导方法,改革传统的领导方法,是城市现代化大生产的客观要求,也是我们吸取以往经验与教训的创新。

第二,现代科技发展的新趋势要求改革现代城市传统的领导方法。现代科技发展与社会进步,正在把自然科学、管理科学和社会科学紧密结合起来。它们相互渗透、相互交叉、相互融合,边缘科学、交叉科学、综合科学应运而生。而领导科学的产生,是现代科技进步与社会发展的自然结果。尤其是当今世界新的科技革命浪潮和新的产业革命,正在深刻地改变着世界的面貌。用 21 世纪的眼光看世界未来,脑力劳动和体力劳动的差别、城乡之间的、工业与农业之间的差别在某些国家有可能消亡。服务业、信息业和文化事业将要扩大,社会主义国家与资本主义国家的情况也要发生巨大的变化,世界核优势的争夺转向经济与科技大战,各国人民将在新的科学革命基础上联合起来,为人类的共同命运而奋斗! 我们要面向世界、面向未来,未来的世界是智力科学的世界。现代的科技突飞猛进,要求现代城市的领导者必须改革传统的领导方法,用现代的领导方法去从事城市现代化建设事业,去适应未来的发展。我们的国家,我们的民族是否能自立于世界民族之林,是否被开除球籍,将取决于我们的领导者能否以现代的科学领导方法领导我们的国家和我们的民族尽快实现四个现代化,使我们不要再与世界先进水平的距离拉大,而应当是缩小这种差距。

科技的发展出现两种趋势:各门科学技术的分支化和综合化。从科技的综合化和一体化来看,当今时代的各个科学领域,在内容上相互渗透,在方法上相互补充,在结构上相互论证,出现了各门科学技术的融合,形成了系统的科学体系。科技的发展为人类生存预示了广阔的前景;微处理机的广泛应用将使整个生产设备和生产过程智能化,社会生产管理正在发生深刻的革命;遗传工程的发展预示着一个可以按照人类需要设计地球上生命生产的新时代;宇航科技的发展,将开拓人类生产活动的新领域即外层空间,预示了宇宙工艺学和宇宙工厂时代的开始;海洋科技则把人类的生产活动扩展到海洋深处;新能源和新材料的研究将为人类提供无限丰富的再生资源和多种用之不竭的能源。宇宙之大,粒子之微,火箭之速,化工之巧,地球之变,生物之谜,日用之繁,无不显示出其系统性、有机性和整体性。现代科学发展的这种新趋势已经说明了沿用传统的领导方法是远远不够的,时代需要新的现代的领导方法。

在现代科技发展的基础上,出现了系统辩证的认识论、方法论和价值论,结合现代化运算工具——电子计算机的广泛应用,为改革传统的领导方法提供了理论依据和必要的物质条件。

第三,政治体制改革要求改革现代城市传统的领导方法。我国政治体制上一个弊病,就是领导权力过分集中,领导制度不健全。因此,政治体制改革的一个重要方面,就是充分发扬社会主义民主,真正实行领导的民主化、科学化和制度化,实行层次领导、层次管理、层次决策和系统领导、系统监督与系统反馈。

领导是一个系统,有其组成的要素、结构和功能,领导是分层次的。在不同的社会系统、社会结构、社会层次中,领导构成不同的系统核、结构核和社会核。在古代,国家最高层次的社会核就是封建帝王,他个人领导和决策国家的一切。这种领导,主要是以帝王个人的才智和经验,个人的感情和好恶来进行的。这种帝王个人领导的落后性和局限性是极其明显的。在资本主义统治阶段工厂企业的领导也是属于这一类型的。在近代又出现了硬专家的领导,但由于资本主义的发展,知识和信息大量增加,问题也堆积如山,而且错综复杂,凭借任何个人智慧和经验是难以应付的。于是产生了各种知识结构、不同学科的专家、学者、谋士组成的智囊团、咨询机构,借助众人的头脑,以弥补领导者的个人才智、经验和精力不足。在资本主义社会中,专家参与管理已在相当广泛的程度上建立起一套领导的程序和法律制度。

在社会主义社会里,各级领导是群众的公仆,人民是国家的主人。现代城市领导更需要民主化、科学化和制度化,以体现群众、集体和国家根本利益的一致性。在这方面我们是有经验的。但是,由于几千年来封建社会和小生产经济的影响,由于科技教育的落后和生产力的低下,由于法制不健全,以及干部的思维方法、工作方法残留着落后的一面,表现出它的局限性。1986 年 7 月 31 日,万里同志在全国软科学研究工作座谈会上的讲话中指出:"我们至今仍然没有建立起来一整套严格的决策制度和决策程序,没有完善的决策支持系统、咨询系统、评价系统、监督系统和反馈系统。决策的科学性无从检验,决策的失误难以受到及时有效的监督。直到今天,领导人凭经验拍脑袋决策的做法仍然司空见惯,畅通无阻。决策出了问题难以及时纠正,只有等到出了大问题才来事后堵漏洞,或者拨乱反正,而这时已经悔之晚矣。这种盲目拍板、轻率决策的情况，现在到了非改不可的时候了。"由此可见,研究现代城市领导者的现代领导方法,实行领导的民主化、科学化、制度化,就能完善和巩固我国的社会主义制度,充分发扬亿万人民主人翁责任感,充分发挥他们的积极性和创造性。领导的民主化和科学化是不可分割的,没有民主,就谈不到真正发展科学;没有科学,也无从建立真正的民主。所谓领导的民主化,是指有科学含义,有科学的程序和科学的方法,即要广开思路和广开言路,要尊重知识、尊重人才、尊重人民的创造智慧,尊重实践经验;否则,就没有科学化。

随着政治体制改革的深化和经济建设的发展,有丰富经验的老干部遇到新问题,一大批新走上领导岗位的有较高文化知识的年轻干部,又缺乏领导工作的知识和经验。如何解决这个问题,《中共中央关于经济体制改革的决定》指出:"我们的同志在过去革命和建设中积累起来的正反两方面的丰富经验是十分宝贵的,但是在新时期的崭新任务面前,不论老中青干部,总的来说都缺乏现代建设所需要的新知识、新经验,都要重新认识自己,都要重新学习。那种抱残守缺,老是停留在过了时的经验上的态度,是不对的。"因此,我们应当提倡领导人与研究人员,有多方面知识的人,有实践经验的人,平等地、民主地经常交流思想,沟通信息,讨论问题。

政治体制改革,要求现代城市的各级领导一定要推行现代的领导方法。要在制定城市发展战略、拟定规划、确定政策、组织管理、使用干部等方面改革传统的领导方式,实行领导的民主化、科学化和制度化,以促进现代城市事业兴旺发达。

第二章 现代城市系统

　　城市,是社会经济历史发展过程的产物,是人类社会文明的体现。研究城市的由来和发展,对于正确认识城市发展规律,把握现代城市的结构与功能,做好城市规划、建筑、管理和改革工作具有重要的意义。这里我们运用系统辩证论的观点及系统辩证思维对现代城市系统进行初步分析。

第一节 城市的形成、发展与衰亡

　　同任何系统事物一样,城市作为一个系统整体也有一个形成、发展和衰亡的历史过程。研究城市系统形成与发展历史过程,有助于我们认清城市系统的本质结构和城市系统发展的客观规律性。

一、城市的形成

　　世界上最早的城市形成于公元前3500年,迄今已有5000年的历史,它是经济、社会发展到一定历史阶段的必然产物。把城市作为一个系统整体来看待,它是由经济、政治、军事、科学文化、人口和地理环境等多种要素构成的经济社会综合实体。在城市系统整体中,其结构的主体是人,其客体是地理环境、经济等客观物质系统,而主体与客体在其时空上呈现出集约结构,即人口集约、经济集约、科学文化集约,更为重要的是主体的实践活动也是集约性质的。下面围绕城市的形成讲几个问题:

（一）城市的概念

由于城市是一个巨大的系统整体,其要素、结构、层次和功能都显现出它的复杂性与多样性,因此对城市的概念很难讲其内涵的唯一性。法国著名的城市地理学家什梅尔说:城市现象是很难下定义的。城市既是一个景观,一片经济空间,一种人口密度,也是一个生活中心和劳动中心,更具体点说,也可能是一种气氛,一种特征或者一个灵魂。

在我国古代文献中,"城"和"市"是两个概念。"城"是指有防卫围墙的地方,能扼守交通要冲,具有防守的军事据点。《管子·度地》中说:"内为之城,城外为之郭。"《墨子·七患》中则指出:"城者,所以自守也。""市"是指商品交换的地方。我国古有"日中为市,致天下之事,聚天下之货,交易而退,各得其所①"这说明最初的市是指在一定地域内固定的、集中商品交易的场所。市,还有大市、早市、晚市之分。《周礼·地官》中说,"大市,日昃而市,百姓为主;朝市,朝时而市,以贾为主;夕市,夕时而市,贩夫贩妇为主"。后来随社会经济的发展,"城"与"市"逐渐结合在一体。从两个字的概念,可以看出早期城市形成的渊源和其简单的结构与功能。现代城市,已不是原来那种简单"城"与"市"的结合,而是要素繁多、结构复杂、功能齐全。通常提出的城市概念,一般是指现代城市的概念范畴。

马克思主义经典作家们很早就对城市有过较为精辟的阐述。马克思和恩格斯在《德意志意识形态》中曾写道:"城市已经表明了人口、生产工具、资本、享乐和需求的集中这个事实;而在乡村则是完全相反的情况:隔绝和分散。"②在同一著作中还写道:"物质劳动和精神劳动的最大的一次分工,就是城市和乡村的分离。"③

列宁也曾写道:"城市是人民的经济、政治和精神生活的中心,是进步的主要动力。"④

---

① 《周易·学辞》。
② 《马克思恩格斯选集》第 1 卷,人民出版社 1995 年版,第 104 页。
③ 《马克思恩格斯选集》第 3 卷,人民出版社 1995 年版,第 104 页。
④ 《列宁全集》第 23 卷,人民出版社 1990 年版,第 358 页。

除了马克思主义经典作家们对城市概念的表达外,许多学科的学者们从不同角度对城市概念进行了研究,归纳起来有如下几个方面:

一是城市经济学的不同观点。他们认为,城市是在一个有限的地域内集中的经济实体、社会实体、物质实体三结合的有机体;城市是人类为着自己的生存与发展的需要,经过创造性的劳动加以利用和改造的物质环境,是在社会生产劳动分工以后,产生的一种相对于乡村而言更人性化的社会载体,具有一定的空间和地域范围,一定数量规模的人群以每个时代先进的生产方式和生活方式进行着社会活动,创造着比乡村更高的生产力,享受着更高质量的生活;城市是不同等级区域的政治、经济、文化的中心,是经济区域发展的焦点,城市是发展新工业最便利和最经济的地点,同时也是人类集聚最经济的形式。

二是人口学的观点。他们认为,城市是分布在一个地区的特定人口群体;它具有人口再生产的特殊社会经济条件和文化条件;这个群体被看做是国家总人口的一个组成部分。

三是社会学的观点。他们认为,城市具有一定地理界域的社会组织形式,或称之为人类社区的一种生活方式。

四是地理学的观点。不同地理学家们认为,城市是发生于地表的普遍宏观现象,有一定的空间组织、有很强的区域性和综合性;城市是有中心性能的区域焦点,城市是从事第二、第三产业人群的集中居住地;城市是国民经济空间连同劳动与人口投入地点有意义的结合的一部分。

五是城市建设学的观点。他们认为,城市是空间和社会构成的整体,现代城市是一个复杂的建设工程综合体,是各种工程构筑物和各种管线系统的汇集地。

六是城市生态学的观点。他们认为,城市是以人类社会为主体,以地域空间和各种设施为环境的生态系统。

七是城市系统论的观点。他们认为,城市是一个在有限空间地域内的各种经济市场相互交织在一起的网状系统;现代城市是一个以人为主、以空间利用为特点、以聚集经济为目的的一个集约人口、集约经济、集约科学、文化繁荣的地域系统;现代城市系统就是一个经常处于非平衡状态的复杂的有机体,是与周围地区和城市不断进行交往的开放系统;是各个子系统协同发展、主要职能与多种功能相结合而和谐发展的整体;城市是一个以人为主体、以空间利用和自然环境利用为特点,以集聚经济效益、社会效益为目的,集约人口、经济、科学、技术和文化的空间地域大系统。

通过对以上城市概念定义的系统分析和陈述,可以看出人类对城市认识的深入,并逐渐趋于科学性。也说明,不同学科从城市不同的层次角度来研究,都具有其客观真理性。

系统辩证论认为,城市是指以自组织的人的群体为主体。以一定空间和自然环境为实践客体、以集聚经济社会效益为目的,集约人口、经济、科学文化为特点,并与周围环境进行物质、能量、信息交流的空间地域开放的大系统;城市是一定空间地域内经济社会发展的系统核。

(二)城市形成的条件

城市形成的前提条件,就是社会生产力的发展,由此而出现的社会分工扩大,商品经济的发展,城乡的分离和对立。马克思在《资本论》中写道:"一切发达的、以商品交换为媒介的分工的基础,都是城乡的分离。"①

城市是一个历史范畴。它是生产力——生产方式——生产关系这一社会范畴运动发展的必然产物。在原始社会早期的漫长岁月里,人类的祖先过着穴居和巢居的生活,过着流动的群体生活,没有固定的居住点。到了新石器时代,由于生产力的发展,农业与畜牧业的分离,产生了人类第一次社会大分工,并开始有了剩余产品和剩余产品的交换,氏族部落有了自己的居住点。后来由于金属工具的产生,就出现了手工业和农业分离,即第二次社会大分工,这时就产生了商品生产与商品交换。随着商品交换的发展,交换的场所也逐步固定下来。由于商品生产、商品交换、交换场所的固定,社会上出现了商人阶层。为了生产和交换的方便,商人就在一个有限的空间内聚集定居,结成社区。因当时部落之间的战争,这种社区不断修筑城池进行

---

① 《马克思恩格斯全集》第 23 卷,人民出版社 1972 年版,第 390 页。

保护,这样就出现了人类社会最早的城市。人类社会最早城市的出现标志着人类生产力的发展,生产关系的改变,生产方式的进步,是人类社会文明史的一次大飞跃。在城市形成过程中,社会生产力的发展是首要前提条件,社会分工是基础,商业生产与交换是直接原因。也就是说城市的形成,是由众多的因素而综合形成,不能简单地归结为某一个方面,离开哪一个因素,城市的产生就将成为不可能。

城市的产生伴随着私有制的出现。这是由于城市的发展扩展了城乡之间一定区域的商品交换,城市的工业和手工业生产者与农村的农业生产者,都是为自身私有的经济利益进行着生产。专门从事商品交换的商人,通过商业活动,交换着两大物质生产部门的产品。这样就使城市与农村,手工业者与农民,商人与农民、手工业者之间的经济利益的矛盾和对立不断加深和扩大。由于城市的产生与发展,它的许多物质和文化生活条件优越于农村,吸引着剥削者和统治者,成为统治者的消费、享乐的中心。为了巩固他们的统治地位,在城市设置行政机关、警察、军队等政治统治机构,来加剧对农村的统治和剥削。

二、城市的发展

城市发展的历史过程,大致分为早期城市、中世纪城市、近代城市和现代城市这几个阶段。这是由于世界各个地域环境的不同,生产力发展水平不平衡,而造成了城市形成的早晚不同,同一城市发展的不同阶段。

(一)早期城市

早期城市产生迄今已有 5000 年的历史。由于生产力发展水平所限,那时的城市系统结构和功能很不完善,很不齐全。城市总是在水利、农业、产品、交通等城市要素较为优越的社区或居住点首先形成和发展。据历史记载和考证,在古埃及,从公元前 3200 年到公元 322 年,即从古王国和后期王国的漫长历史发展时期内,在尼罗河流域出现了孟菲斯、底比斯、法雍等城市;在古西亚的底格里斯河与幼发拉底河两河流域先后形成了巴比伦、马尔、马鲁克、尼普尔、加拉什等城市;在古希腊与古罗马,于地中海沿岸建立了马西里亚、叙拉古、拜占庭、斯巴达、雅典和罗马等城市。在我国,在黄河流域形成了商城、殷城等城市。

从早期城市的结构来看,手工业比较发达,商品交换比较活跃,政治统治集中;从功能来看,一方面是进行农产品与手工业产品交换,是流通与生产的中心;另一方面它又是统治阶级——奴隶主对周围区域进行剥削和压迫的中心。从城市系统整体来看,凡是生产力比较发达的地区,城市就比较集中,商业与手工业也比较繁荣,城市的规模也就越大。我国历史上的齐国都城临淄,在齐宣王时期已发展成拥有 7 万户、10 万人口的都市,是当时齐国鱼、盐、文彩、布帛生产与贩运中心。据考证,临淄古城总面积达 60 平方公里,并发现有冶铁、炼铜、铸钱和管器作坊的大量遗址。

早期城市的产生,手工业是以市场交换为目的的商品生产,商人则是专门从事商品买卖,手工业与商业,手工业者与商人就有可能在地域空间上集中,这种地域空间的集中,就是早期城市。因此我们说早期城市是简单商品经济发展的产物。早期城市产生和存在的时期,基本属于奴隶社会,因此它的兴衰同奴隶社会的产生与发展相联系。早期城市除了手工业商品与剩余的农副产品的交换功能外,还是社会、宗教、政治、军事、科学、文化、手工业作坊的中心。马克思指出,"城市工业本身一旦和农业分离,它的产品一开始就是商品,因而它的产品的出售就需要有商品作为媒介,这是理所当然的。因此,商业依赖于城市的发展,而城市的发展也要以商业为条件,这是不言而喻的"。① 由此可见,城市的产生和发展,是社会分工的作用和商品经济发展的结果。

(二)中世纪城市

随着生产力的发展,社会进入中世纪。中世纪是指欧洲各国的封建社会时期,年代大致是公元 476—1640 年,前后约 11 个世纪。这一时期的城市叫做中世纪城市。

---

① 马克思:《资本论》第 3 卷,人民出版社 1975 年版,第 371 页。

封建社会的生产力比奴隶制社会有了巨大的进步,社会分工不断扩大和完善,商品生产和商品交换愈加频繁,交通运输手段增多并广泛利用,交通条件更加方便。这时在一些主要河口和海岸出现了一些以商业为中心的城市。中世纪城市的主要特征:一是商品市场和贸易中心;二是初步成为政治、经济和文化的中心;三是对城市管理的法律条文开始产生;四是生产以手工业为主,规模小、产量低、生产技术落后;五是城市人口增长总的看很缓慢。据历史资料记载,当时我国唐代的长安城已有 8 万户居民,人口约 100 万、城内店铺众多,商旅云集。北宋的东京(开封),人口最多达 150 万—170 万。

随商品经济的发展,逐渐形成不同类型和不同性质的城市分类,出现了专业分工和不同居民构成的城市特点。例如欧洲中世纪的城市有以下几类:

一类是进行长距离贸易的城市。以商业为城市主体结构,商人是居民中的核心,如鲁昂、马斯特里赫特、德文特、提尔、布鲁日、根特、威尼斯、比萨、米兰、佛罗伦萨等。

二类是消费与生产兼有的城市。这类城市的居民主要是手工业者,为当地市场生产商品,并与周围农村进行农副产品交换,如英国的格雷斯特等。

三类是以消费为主的城市。这类城市主要以政治、军事、宗教文化为中心,如英国的伯里圣埃蒙兹、德国的法兰克福等。

四类是以农业为主的居民城市。这类城市是以领主的意图给该居民区以城市的法律地位[1]。

以上这几类城市在中世纪的欧洲出现,说明了城市内部结构逐步完善,功能也有了很大的变化。但是在中世纪欧洲城市发展史中,城市曾经历了一个衰亡时期。公元 5 世纪罗马帝国的灭亡,代之以日耳曼人统治西欧封建政权,早期的都市文明日趋衰落,极盛的罗马城,人口也急剧下降,市区经

---

① 参阅《剑桥欧洲经济史》第 3 卷,波斯坦军主编,剑桥 1963 年版,第 22—24 页。

济遭到破坏,商业萧条,手工业凋敝,自给自足的农村经济有所发展。到了11世纪,代表城市经济先进的经济力量重新萌发。到13世纪之间,这是欧洲中世纪城市长足发展的时代。

我国封建社会大约从公元前5世纪到鸦片战争即1840年共计2300多年的时间,比欧洲长的多。在这漫长的封建统治时期,城市也随朝代的更迭经历了不同的历史发展阶段。在不同的历史发展阶段中,城市与城市经济的发展具有以下几个特点:

一是城市的分布由北向南转移。城市兴于黄河流域,逐步向淮河流域、汉水流域、长江流域、钱塘江流域转移,随城市布局的南移,我国的经济重心也由北向南转移。

二是城市的行政职能比较突出。因诸侯争霸,封建割据,王都与郡县大都是统治阶级为了统治和掠夺的需要而兴建的,城市经济表现出对行政的依附性。

三是南方城市出现相当规模的商业城市。随着海上贸易的发展,水路对经济发展的重要性显现出来,广州、扬州、武昌、南京、长沙等城市都成为具有一定规模的商业中心城市。

四是以手工业和工业为主的城市发展比较薄弱。

五是多次出现了政治中心与经济中心的分离局面。

以上特点,说明了我国封建社会城市和城市经济的发展同欧洲中世纪城市的发展相比,有其明显的落后性和局限性。这种落后性主要表现在城市经济对行政的依附性,这样经济发展就失去了积极性和主动性,而表现出封建闭守的僵化性。至今不难看出,在我们的现有经济发展过程中,封建社会城市的特性仍在影响着现代城市经济的发展。

(三)近代城市

所谓近代城市,是指从1640年英国资产阶级革命开端到1917年俄国社会主义革命这一历史时期的城市。随着资本主义生产关系的确立与发展,以蒸汽机发明、生产和推广应用为基础的城市工业迅速崛起,大工业城市的数量急剧增加,城市人口增长速度大大加快,这就形成了近代城市。

工业革命创造了人类历史上前所未有的生产力,使中世纪城市发生了质的变化。在这一时期内,城市数量迅速增加,出现了许多新型的工业城市,城市规模急剧扩大,城市人口大量集聚;城市的结构和功能发生了变化,工业生产的功能和商品经济的功能已成为城市的主要功能;物质与精神的财富巨大集中,成为资产阶级的经济中心,剥削和统治着农村。马克思和恩格斯在《共产党宣言》里指出:"资产阶级使农村屈服于城市的统治。它创立了巨大的城市,使城市人口比农村大大增加起来,因而使很大一部分居民脱离了农村生活的愚昧状态。"①

工业革命开始于英国,以棉纺织工业为代表的机器大生产的兴起,使英国很快走上了工业化道路。而一大批新型现代化城市都是工业中心和贸易中心同伴相随。到1900年城镇人口的比例已达到70%,是世界上第一个城市人口超过农村人口的国家。当时的英国首都伦敦已成为全世界的商业中心。

19世纪后,德、法、美、葡等国家也相继完成了工业革命,城市的数量和规模也有了空前的发展。

中国历史上的近代,是指1840年鸦片战争到1919年的五四运动,为半殖民地半封建时代。在这一时期,由于帝国主义列强的侵略和掠夺,残酷地摧残和扼杀了处于萌芽状态的中国资本主义近代工业。中国没有爆发工业革命,整个经济与城市经济呈现出极度复杂的混乱状态。这时的近代中国城市没有得到正常的发展。港口城市如大连、天津、青岛、上海等已成为帝国主义进行政治、军事、经济侵略的基地,这些城市是按侵略者的意图来发展的。并且这些城市的结构发展也极不合理,近代工业得不到应有的发展,基础工业极其落后,而商业、服务业都过分膨胀,一个城市变为几个帝国主义的租界,被分割得支离破碎,不成体系。当时靠民族工业支撑起来的城市,生产力落后,力量薄弱,规模不大,对帝国主义统治的大城市表现出很大程度上的依附性。由以上可以看出,近代的中国城市,在全国政治经济社会

---

① 《马克思恩格斯选集》第1卷,人民出版社1995年版,第276—277页。

发展的不平衡规律驱使下,布局不合理,体系结构失稳,资本主义经济没有生成,许多城市依然保持着封建时代的城市面貌。

随着资本主义在世界范围内的迅速发展,而使近代城市也得到了较为充分的发展。其具体特征表现在以下几个方面:

一是工业革命带来了城市革命,工业的发展带来了人口极度增长,新产业的出现带动了新兴工业城市的出现。

二是近代城市出现了生产力的高度集中,社会财富的高度集中,规模企业的高度集中,人口消费的高度集中,城市建设规模的高度集中。

三是工厂的规模经济、城市的聚集经济与先进的生产手段和集约化的经营相结合,创造出了前所未有的物质财富和精神财富,城市成为整个国民经济和地区经济的中心。

四是城市的结构趋于合理化,功能趋于多样化,城市经济功能已成为城市结构的主体。近代城市已成为工业生产中心、科技中心、商业贸易中心、金融中心、信息中心、文化中心、交通中心、行政管理中心。经济对行政的依附逐渐削弱,经济对政治、军事的影响和控制明显加强。

五是专业化分工协作得到了长足的发展。工厂企业之间,城市行业之间,区域城市之间,国家之间经济联合得到加强。专业化分工协作产生了新的生产力。

六是近代城市经济的发展,使资产阶级与无产阶级的矛盾对立构成了资本主义社会的基本矛盾,同时也激化着城乡之间的矛盾。

七是随着城市与城市经济的发展,城市基础设施和公用事业得到明显改善,例如道路、供水、供电、供热、供气、电讯达到了集中化的程度,防洪、排涝、防火都已成为城市内部结构不可分割的一部分。

综上所述,近代城市的兴起与发展,使人类社会的物质文明与精神文明进入到一个新的历史阶段,并为现代城市的产生提供了雄厚的物质基础和丰富的精神前提。

(四)现代城市

19世纪末和20世纪初,特别是第二次世界大战后,自由资本主义进入到帝国主义阶段,世界进入了现代城市的发展阶段。这是整个城市发展历史过程中极为重要的时期。在这个时期内,城市人口迅猛增长,经济实力大大增强,出现前所未有的特大都市、大都市区、都市带和都市系统等。

现代城市是日益扩展着的现代经济活动中心,它拥有现代化的工业生产系统、商业贸易系统、交通运输系统、科技文化系统、公共服务系统、信息传输系统等。也就是说现代城市结构复杂而合理,功能多样而齐全,它集约着现代化程度较高的物质、能量和信息,要素、结构、层次、功能都呈现出城市的整体系统性、目的性和有效性。现代城市就是通过强有力的政权机构、雄厚的经济实力和各种先进的设施来实现对其他地区的统治和联系,成为一个地区、一个国家的政治、经济和文化中心。

三、城市的衰亡

城市是一个系统的整体,在我们分析城市系统时,不仅要运用结构、层次、要素等原理,还要运用动态过程的发展来分析城市系统的过去和现在,还要预见到它的将来的发展趋势。

在城市系统发展过程中,它已经走过了早期城市、中世纪城市、近代城市、现代城市等不同的系统过程和阶段。随着社会生产力的发展,现代城市的发展方向就是城市化,最终达到城市衰亡。

所谓城市化是指城市系统的发展壮大,分散的乡村人口转变为城市集中的不同结构层次的人口的社会进步过程。城市化是城市系统发展的必然趋势,是一个地区、一个国家整体发展优化的目的所在,是城市内在系统结构不断完善不断调整的结果,而城市化的系统过程是在城市系统内在层次的转化中,依据整体优化的目的而不断进行的。而这种城市系统整体围绕其优化目的,通过系统结构质的变化和层次的逐一转化的动因,是由城市间的差异、区域间的差异、行业部门之间的差异而存在的那种"势能"驱使的。尤其是城市与乡村的分离与对立,工业与农业的差异、工人与农民的差异,使人类社会有目的性的、有因果性的和随机的向着城市化方向转变。城市化的具体特征有三个方面：

一是城市人口的迅速增加和城市人口比重的迅速提高。这里包括原有城市人口的增长，农村人口向城市的转移，新兴城市的建立与出现，原有的城市的扩大，行政区的调整，农村成为城市的一部分。这里核心的问题，是变农村人口为城市系统的人口，引起城市人口绝对数量的增加，增加了城市人口占总人口的比重。这个过程的快与慢取决于社会生产力的发展，取决于宏观城市与城市经济发展规律。

二是城市规模的急剧扩大和新兴城市的大量出现。目前在世界范围内，城市化的进程已大大加快，在美国与英国的东海岸，出现了沿海区域的城市带，这一区域内已实现了城市化；在我国长江三角洲地区，正在逐渐形成以上海为中心，包括苏州、无锡、常州、南京在内的城市群体；还有以某一个特大都市为中心，在其周围建有不同层次的城区与城镇，使城市系统的结构层次不断地向周围区域传输物质、能量、信息，使周围镇、区、村的生产与生活都纳入中心城市的辐射环内，协同运转。这种城市化现象，我们称之为城市环，不论是城市带、城市环、城市群体的出现，还是城乡一体化道路，都是加速城市化进程的可行模式。

三是城市与乡村之间在生产方式和生活方式的差距正在逐渐缩小。这里的问题是在广大农村实现水、电及城市化，手工农业生产方式转变为机械化生产方式，农村生活方式转变为城市生活的方式，衣、食、住、行、用同城市一样，并且从事农业生产的人数比重很小，而从事工业性生产和服务行业的工作人数比重占据 70% 以上。如果农村逐步加快这一进程，即农村城市化，那么，这一天的到来将是城市化的彻底实现，也是城市衰亡的日子。

城市化是世界性人类社会发展的必然规律，它为人们的生产和生活提供了方便，推动了社会经济的进步，这是有利的一个方面。同时，我们还应当看到城市化中常有膨胀会发生，许多城市出现了土地紧张、水源缺乏、住房拥挤、交通堵塞、环境污染等社会问题。在这方面资本主义社会已有深刻教训，中国作为社会主义国家，城市化的路子怎么走，这要在宏观控制指导下来进行，避免重蹈覆辙。

城市衰亡就是乡村城市化。城乡分离对立运动的过程,是城市与城市经济不断发展,城市系统不断完善,功能不断强化的过程。城市占据主导地位,以其独特的条件,在城乡之间起着经济、政治、文化的纽带作用,对周围地区起着凝聚力的作用,人口、知识、技术、资金、财富等等不断向城市集中,城市本身就是一种生产力。城市的衰亡,就是城市和乡村的对立"消灭",农业与工业的差异将协同并存,工农将成一体,城市和乡村将"融合"。这就是城市发展的历史趋势与规律,也就是城市与城市化的最终衰亡。

第二节　现代城市

现代城市作为一个系统整体,由于它的内在结构、要素、功能等与外在环境存在着差异,因此这就使城市呈现出自身独特的特征。研究把握现代城市的特征、性质、结构、功能与其宏观地位,对于城市规划、建设、管理、改革更趋于科学性,具有十分重要的意义。

一、现代城市的特征

在长期的商品生产和商品交换发展的历史过程中,也同时显现出现代城市的一些特点。城市作为经济社会的有机系统,一方面它具有自身质的规定性,与其他区域区别开来;另一方面它又是整个国民经济和区域经济的重要组成部分,它又与外界发生着各种联系。研究现代城市的特征,要运用系统辩证论的基本原理,根据现代城市内在结构和外在功能进行分析,来把握它的特征。

(一)现代城市系统整体要素的集约特性

现代城市系统整体最基本的特点之一,就是构成它的相关要素呈现出集约性。这种要素的集约性是城市存在和发展的基本条件,也是其发挥各项功能的基础。可以说没有人口的集约,没有经济的集约,没有科技文化的集约,现代城市就不会存在。马克思和恩格斯曾指出:"城市已经表明了人口、生产工具、资本、享乐和需求的集中这个事实"。[①] 列宁也指出:城市"其特点是工人与企业的最大集中。"[②]现代城市系统各组成要素是多方面的,但主要有基础生产部门、自然环境和资源、生产与非生产的基础设施、人口的增加等。这些要素都以集约形态存在,而这种集约性主要表现在以下方面:

第一,人口的集约性。20世纪以来,由于工业现代化进程的加快,科学技术的飞速发展,农业机械化的推广,劳动生产率大幅度的提高,这就使大量的农业人口流入城市。另外,由于城市化进程的加快,工业生产、科技发展、城市建设需要大量的劳动力,伴随生产的发展和消费的增长,要求城市的第三产业加快发展,也吸引了大量的劳动力。这就使得城市数量迅速增多,城市规模日益扩大,人口集约程度猛增。从全世界来看,城市人口已拥有18亿,占世界总人口的1/3以上,从我国来看,1949年城市人口仅有0.58亿,1980年增加到1.34亿;1993年城市人口增加到3亿多,占全国总人口的27%以上,城市个数已达560个。由这些数据可以表明,随生产力的发展,科技的进步,城市化的进程的加快,城市人口的集约化程度越来越快。

第二,经济社会的集约性。现代城市是社会生产力和科学技术最发达的地方,因此也使国民财富出现集约化。城市经济主要指:工业、商业、交通运输、财政、金融、外贸等要素;城市社会主要指:教育、科技、文化、体育、卫生、公安、司法、劳动、民政、人防、城防等要素;城市市政主要指:规划、建筑、房屋、土地、供水、供电、供热、供气、邮电、通讯、公用、市政、环保、园林建设等要素,这些要素有机地结合在一起,呈现出高度的集约性。而构成城市诸要素的系统中,有一种管理水平很高的机制在运转,从而保证各要素按其一定的目标结合本身结构来发挥其功能,并使其协调发展。在这种系统要素管理协调中,这种管理运行机制也呈现出一种高速度化和集约化。据有关

---

① 《马克思恩格斯选集》第1卷,人民出版社1995年版,第104页。
② 《列宁全集》第3卷,人民出版社1984年版,第476页。

资料统计,目前全国城市集中了 100 多万个企业,8000 多万职工;1985 年,仅就我国 66 个设市的城市的固定资产就占全国的 70%,工业总产值和上缴利润占全国的 83%,社会商品零售总额占全国的 63%。其中,作为全国最大经济中心的上海,1985 年的工业产出总值占全国的 1/10,财政收入占 1/7,外贸出口总额占 1/8,港口货物吞吐量占 1/3。

第三,科技文化的集约性。科技文化的集约性也称之为知识的集约性,它包括科学知识、技术知识、教育、文化等方面的集约的程度。现代生产的专业化、科技发展的综合化、社会发展的城市化等,都需要科学技术知识。在城市中各种社会科学、自然科学、综合科学都在不断发展,高等院校以及各种有关的设施建设也大量增加。以我国上海为例,1987 年全市有 44 所高等院校,在校教师 7 万多人,研究生 5600 多人;中、小学及中等职业学校 4500 多所,在校学生 144 万人;还有近百万人在各类成人学校接受教育;自然科学研究机构 600 多个,科研人员 4.7 万多人。因此,现代城市是科技文化的集约地,是科技成果的产生地,是知识与人才开发地,是各种信息知识的发源地。

总的来讲,城市物质、能量、信息的集约特点,就构成了现代城市成为一定地域经济社会的结构核、系统核与动因核。城市的集约性与农村疏散性形成了差异,而这种差异迫使两者协同发展,向城乡一体化的方向迈进。

(二)现代城市系统整体结构的开放特性

现代城市系统整体是在商品生产和商品贸易中产生和发展的,它势必要与周围农村和城市进行物质、能量和信息的交流;城市是一定区域的政治、经济、社会、文化、科技、信息的中心或综合中心,它需要向这一区域辐射它的能量和信息;社会化大生产也要求搞专业化协作,与邻近地区搞横向经济技术联合,这些就决定了现代城市系统整体结构要具有开放性能。城市失去开放性能,就不能生存和发展。有了城市的开放系统,城市的新陈代谢功能就会旺盛,城市的发展就会有蓬勃的生命力。

现代城市系统整体作为开放系统,指的是城市必须经常地与外界不断地交换能量、物质与信息,不断输入粮食、蔬菜、水、燃料、日用品,同时输出文化的、精神的、物质的各种产品和废水、废气、废物等,这就能产生城市系统的良性循环,保障稳定的有序状态。

现代城市系统整体开放的含义应有这样几个方面的理解:一是城市系统的结构要素受高层次系统的制约。一个国家的经济政策、社会政策、投资政策、人口状况对城市系统的发展和功能的发挥要有指导性与指令性的作用,这实质是物质、能量、信息的输入;同理,城市也以软的信息、硬的产品向外部环境输出,这就是城市的开放。二是把城市系统理解为与周围环境充满流动性的社会系统。表现在地域间的人流、物质流、信息流。这种流动不仅在城市间,城乡间流动,而且在国家间、国际间的流动。这种流动量的大小、频繁状况表明城市开放程度。三是城市系统的开放,要求城市系统本身要建立具有开放功能的城市结构,增强辐射力与吸引力,尤其是要增加国际间政治、经济、文化、科技交流活动。

如何使城市系统转变为开放系统,如何增强城市系统的辐射力和吸引力,这是我国经济体制改革很重要的一个内容。从具体实践上看,我们要大力发展城市与城市、城市与农村、国内和国外的多渠道、多形式的经济、政治、社会和文化、科技等多方面的联合与联系,建立起以中心城市为依托的生产协作网、科技协作网、情报信息网、商品流通网、教育培训网、文化交流网等,更好地发挥城市的中心作用。从理论上讲,我们要把城市建设成为耗散结构,发挥它的开放功能。城市系统每时每刻都在与外界进行物质、能量与信息的交流,而在这种交流过程中,城市与城市经济处于非平衡的开放状态,这时可以产生一种多熵流,从而使城市系统内部各要素、结构、层次产生一种促进力,促使城市系统由混乱无序变为稳定有序,使城市充满活力和竞争力。熵值与系统的有序程度成反比;熵值越小,(负熵流越大)系统的非平衡程度越高,有序程度也越大。因此,我们要从实践与理论的结合上,来考察城市开放的程度。每个城市都是一个开放系统,开放的程度如何,这不仅是一个城市自身结构与功能问题,更重要的与周围区域,与周围开放的状况都有密切的联系,对城市开放程度我们要用系统辩证思维来看待。

（三）现代城市系统整体复杂的特性

随着经济社会与科学技术的发展，现代城市系统整体日益成为一个多维、多结构、多层次、多要素、多变量的相互作用的复杂系统，而且这种城市系统的复杂性日趋发展。对现代城市系统整体的复杂性，可有如下的理解：

第一，城市系统要素与层次的复杂性。现代城市系统的要素是由不同性质、不同层次的分系统、子系统、微系统等所组成的复杂的大系统。我们运用系统辩证思维方法进行分析，基本是如下框架：（如下图）

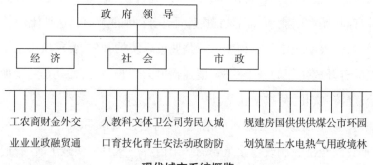

现代城市系统概览

第一层次，是城市系统整体的市政府领导层次。市政府内在结构的配置我们将在以后几章里研究。市政府的领导层次是一个城市系统的社会核，它对整个城市系统正常运转起着主导的作用。

第二层次，是城市系统三大分系统：经济管理系统、社会管理系统、市政管理系统。这三大分系统，是城市系统管理中的中间环节，这三大分系统内部结构与职能的分解在这里不讲，在后一章将有说明。

第三层次，是三大部分系统又是由许多子系统构成。如经济管理系统，又分为工业、商业、财政、金融、农业、外贸、交通运输等子系统；社会管理系统又分为人口、教育、科技、体育、文化、卫生、公安、司法、劳动、民政、人防、城防等子系统；市政管理系统，又分为规划、建筑、房屋、土地、供水、供电、供热、煤气、邮电、公用、市政、环保、园林等子系统。

第四层次，是子系统下面还有许多行业部门组成微系统。如工业子系统，按行业来分可分为冶金、机械、轻纺、化工、电子、食品等许多的微系统。

再往下分还有许多的子子系统等等。

从以上"城市系统结构概览"中可以看出,城市系统的结构复杂,层次复杂,动态中的相互作用进行着政治的、经济的、文化的活动,都在进行着物质、能量和信息的输入与输出工作。因此,我们说城市这个系统整体要素是复杂的,层次是复杂的,其相互作用是更复杂的。我们运用系统辩证思维来研究和分析城市这个系统整体,其复杂性就能够被认识和把握,并运用其复杂性来发挥其多样化的功能,为城市系统整体的协同运动增强其促协力。

第二,城市系统结构的复杂性。现代城市系统是一个规模经济区域,其构成要素有许多,要素结构的质量、数量和排列方式就表现出一种复杂的结构网络。各系统要素之间,各要素结构之间又互相联系、互相作用、互相依存、互相制约。各要素结构之间的随机动因又很多,发展的趋势又呈现出多方向、多结果的非平衡、非线性的运动方式。要素的多样性、结构的复杂性、结合方式的多因性、运动的非线性、结果的多向性,这就充分说明了城市系统结构的错综复杂性。

从经济结构来看,城市管理者和经济管理者都希望有一个好的经济效益。但是,制约城市经济效益的因素很多,也很复杂。就经济效益来看又分为部门经济效益、环境效益和社会效益,在利益分配上还有个人利益、集体利益和国家利益几个部分。不管是哪一个环节和层次上出现问题,城市的经济效益就会受到影响。企业内的经济效益的直接因素还有燃料、原材料消耗、机器磨损、职工素质、产品质量、市场销售,等等。因此我们讲经济效益,不仅与工业经济内部结构合理与否有关,与产业结构的协调发展有关,而且还与周围环境包括相关联的部门、行业的结构有关,与产业政策有关等等。社会生产力的发展和科技的飞速前进,使社会分工越来越细,专业化协作将成为现代城市经济生产的主要形式,这本身就导致经济结构的复杂性。同理,社会管理结构、市政管理结构,也是日趋复杂。

我们认为城市系统总体结构的复杂性,表明经济社会的发展,表明了现代城市功能进一步完善。认清现代城市结构的复杂性,才能合理地调整产业结构,扬长避短,发挥城市的综合功能。

第三,城市系统环境的复杂性。从局部看,现代城市系统是一个相对独立的系统,从全局看,这一城市系统就变成更大系统的子系统。对于现代城市子系统来说,更大区域范畴的系统则成为该子系统的现代城市环境了。我们知道,环境对城市的产生、发展和未来有很大的影响,现代城市的结构、规模、功能、职能、性质与地位都与客观环境有密切关系。自然资源、经济技术资源、人口资源、社会历史背景以及政治条件都制约着城市的发展。自然资源包括:能源、金属资源、非金属资源、森林资源、气候资源、水源资源、国土资源、景观资源等等;经济技术资源包括:工农业已有规模、交通运输水平、电网、通讯状况等;人口资源包括:劳动力的数量、文化技术素质、劳动力的补给量、人口的年龄构成、性别构成、民族构成、人口流动等。从现代城市发展来看,环境对城市系统的影响越来越大,方式和内容也越来越复杂。环境城市系统的位置、发展、性质、职能、规模都有直接的影响。恩格斯在研究19世纪英国伦敦发展状况时指出:"这种大规模的集中,250万人这样聚集在一个地方,使这250万人的力量增加了100倍"。[1] "城市愈大,搬到里面来就愈有利,因为这里有铁路,有运河,有公路;可以挑选的熟练工人愈来愈多;由于建筑业中和机器制造业中的竞争,在这种一切都方便的地方开办新的企业,比起不仅建筑材料和机器要预先从其他地方运来,而且建筑工人和工厂工人也要预先从其他地方运来的比较遥远的地方,花费比较少的钱就行了;这里有顾客云集的市场和交易所,这里跟原料市场和成品销售市场有直接的联系。这就决定了大工厂城市惊人迅速地成长。"[2] 从恩格斯的论述中可以看出,环境的概念扩大了,复杂化了自然环境、社会环境、经济效益、市政环境等都对城市发展规模与前有直接的相关性。这就是城市的整体效益性,是城市的放大效益和城市的乘数效应。

(四)现代城市系统整体功能综合的特性

现代城市系统不仅是有要素集约、系统开放、结构复杂等特征,而且其

① 《马克思恩格斯全集》第2卷,人民出版社1957年版,第303页。
② 《马克思恩格斯全集》第2卷,人民出版社1957年版,第301页。

功能也具有综合性和整体性。由于社会生产力的高度发展和科学技术的迅速进步，社会分工越来越细，经济结构、社会结构、市政结构也越来越复杂，这就使现代城市系统的功能呈现出综合性和整体性。

现代城市系统的综合功能主要有这样几个方面：生产功能、商品贸易功能、交通运输功能、信息功能、政治功能、军事功能、科学功能、教育功能、文化功能、娱乐功能、服务功能等等。这就是现代城市功能呈现出综合性和整体性。现代城市的功能综合性和整体性，是由经济社会发展所引起的城市结构复杂化的必然结果，同时也是城市本身发展的必然要求。这种功能的综合性和整体性能够使社会经济生活达到协调高效的发展，使城市在国民经济发展中的作用得到充分发挥。例如，包头属于新兴的重工业城市，30年前它的主导功能是钢铁工业。随着包钢的建设，机械、化工、建材、电力、交通等行业也相伴发展，同时社会功能如教育、科研、文化等也有了长足的发展，市政建设等功能应有尽有。这就使包头市过去那种较为简单的产业结构和功能，逐渐发展成现代化城市的综合产业体系，配置合理的社会结构、与优美的城市建设，这就使包头的城市功能呈现出综合的特性和整体性。包头已具有内蒙古西部区工业生产、商品贸易、交通运输、信息传输、科技文教等综合服务功能。城市功能随着经济社会的发展，走过了一个由小到大、由简单到复杂、由单一到综合、由局部到整体的发展过程。

城市功能的综合性与整体性，并不等于所有城市都是一个模式，也不是所有功能都包罗万象。城市功能如同城市结构一样，由于地理环境、资源状况、人口结构、历史背景不同，所有结构再复杂，城市也不可能雷同，其功能综合性与整体性再强，也不会所有城市都一样。也就是讲，每个城市都有其结构的差异性，也有其功能的差异性。当然，城市管理者要在制定城市发展战略规划时，一定要从客观整体出发，有重点、有计划、按层次把城市结构配置合理，使其功能的综合性更具有特色。城市功能的综合特性，要求在城市管理中，坚持运用系统辩证的原则，对城市实行综合管理，使其协调发展。

城市功能的综合性和整体性，还要求我们必须运用整体观点来对待城市中的问题。城市的多结构、多层次、多要素、多功能等是一个有机的系统整体，是城市功能不可分割的一部分。现代城市中的各要素，各个环节相互依赖。互相制约达到了较高的程度，这是社会生产实现专业化协作的客观要求，一旦某个因素、某一环节出了问题，往往会使整个城市的经济社会生活受到影响，甚至瘫痪。在现代化城市管理中，不论经济、社会、市政哪个系统出问题，都不能失控不管，而要采取强有力的方法使其恢复秩序，保证城市的正常运转。

城市功能的综合性和整体性，还要求我们必须运用系统辩证思维对城市的规划、建设、管理与改革进行整体思维和整体设计，万不可脚痛医脚，头痛医头。

二、现代城市的性质

不同历史范畴的城市具有不同的性质。现代城市的性质是指在现代历史过程中，城市在社会、经济发展的历史阶段中所具有的特点和属性。现代城市三个系统整体，它的性质是由该城市系统的内在结构和外在功能来决定的。换句话说，现代城市的性质是由现代城市的经济结构、政治结构、人口结构、资源优势、地理环境等要素来决定，并同时在现代城市系统整体所处的外部环境及更大系统中的政治、经济、社会的地位、作用和发展趋势来表现的。现代城市的性质体现了在一定时空中，各城市间相互区别的基本特征，是城市主要功能的集中反映。

现代城市的性质有其相同的属性，也有其不同质的规定性。从现代城市系统整体看，凡现代城市都是由物质、能量、信息构成的，而这些物质、能量、信息都比以往历史过程的城市构成，物质更集中、能量更大、信息更多，在一定的区域中更具有经济、政治、文化等方面的系统核的作用，这是现代城市所具有的相同属性。从同一时空看，现代城市系统整体之间，物质、能量、信息又有量的不同，其内在要素、结构、层次也各有差异，从而决定了外在功能的显现也就各有特色，这就是现代城市系统之间在性质方面表现出质的各自规定性。因此,确定一个城市的性质,要从城市系统整体内在各要素、结构、层次的物质、能量、信息的构成来分析,并与其外在环境所呈现出的功能大小来确定。

确定现代城市系统中某一个城市的具体性质,要从系统整体出发,用系统辩证思维来对待。纵的方面把握住该城市改革的历史过程,横的方面把握住该城市系统整体,从其内在的结构、外在的功能以及该城市系统整体所处的区域环境等因素进行综合归纳。确定某一城市具体性质的具体方法有许多种,一般情况下有三种方法:一是定性的系统综合法,即根据一定时空的国民经济发展与生产布局的需要,从宏观上明确该城市系统整体所处的地位、作用和发展方向;二是定量的系统分析法,即对该城市进行定性系统综合的基础上,对其内部结构采用一定的经济技术指标,从数量上进行系统分析,如对城市的社会、经济、文化、教育、科技等职能,从数量上确定它具有的意义和影响;三是结构功能类比法,即从一定区域内,把所研究的城市对象的各自内在结构进行比较,外在功能进行评价,求解出不同城市在结构、功能上的差异,以确定该城市的辐射力与吸引力的大小。无论采用何种方法对具体城市进行性质研究,都要紧紧把握住研究对象的系统整体性、目的性、结构功能性、层次性、开放性与适应性,运用系统辩证的思维方法进行分析,才有可能得出科学的结论。

关于城市分类,按照城市不同的性质、结构与功能,对城市系统整体进行分类。这种分类的目的在于从更大区域范畴上,把握一个区域空间内(省、国家与国际)所分布的大量结构质存在的差异与层次不等的城市特点与规律。随着社会化进程的发展加快,各国都加快了对城市进行系统分类的研究。目前分类的主要方法有:一是按城市系统的结构性质和功能进行分类;二是按城市系统人口结构质与量进行分类;三是按城市系统所处的地理空间、交通位置、历史起源等进行分类。现代城市系统分类方法是多方面的。这是由于现代城市系统结构的复杂性,功能的齐全性,发展趋向的多因果性,其分类方法也有所不同。同是一个现代城市系统整体,它既可按结构分类也可以按功能分类,还可以按环境来分类。这要根据城市系统分类的目的与要求来确定。不过在一般情况下,按城市内在结构和外在功能分类,相对比较多,也比较普遍。这种城市分类法,能使定性与定量相结合来揭示城市系统整体的基本特点、地位和基本属性。在20世纪40年代,有人按从事各种职业的人口结构分别占全市就业人口的比例,把美国的城市划分为:加工工业模式、零售商业模式、批发商业模式、多功能模式、运输业模式、矿业、教育、游览疗养等城市类型。

随着生产力与科技的发展,现代城市的结构功能越来越趋于复杂性和多样性,很难运用分类法来区分城市内部结构与外在功能的主次性,只有运用系统辩证方法进行系统分析与系统综合,才能对现代城市进行科学的分类。只有对城市进行科学分类,才能对城市进行有效管理和指导,为制定相应的战略、规划、方针、政策、措施寻找到依据和手段。

目前我国城市的主要分类,是根据我国地理环境、国土开发、交通运输、行政体制、经济发展等状况,运用定性和定量分析相结合的方法进行分类:

第一,按城市系统主要结构、功能分类法。

一是综合性城市。这类城市指的是把多种功能集中于一体,并难于分出主次,对全国或地区发挥着较大作用和影响的城市。它既是行政中心,又是工业生产中心、交通运输、商业金融、文化教育、科学技术、信息交流中心。如全国性综合城市:北京、上海、天津、沈阳;地域性的综合城市:西安、兰州、哈尔滨、呼和浩特等省会、首府城市。

二是专业性城市。这类城市就某一方面的结构与功能起主导作用,并决定城市的性质。工业城市分类为钢铁工业城市:如包头、鞍山;轻纺工业城市:如石家庄;机械制造加工工业城市:如长春;矿业城市:煤城大同、石油城大庆;商业金融城市:武汉;港口城市:如广州、大连、秦皇岛、湛江、青岛等;旅游城市:如桂林、杭州、承德等;交通枢纽城市:如郑州、沈阳、徐州等;文化城市:如大学城、科学城等。

第二,按城市人口规模分类法。

一是超级城市,是指市区非农业人口超过1000万的城市;

二是特大城市,是指市区非农业人口超过100万的城市;

三是大城市,是指人口在 50—100 万的城市;

四是中等城市,是指人口在 20—50 万的城市;

五是小城市,是指人口在 20 万以下的城市;

六是城镇,一般是指县政府所在地,人口较少,不设市,从一定意义上讲仍是市。

按城市人口规模对城市分类,是因为城市人口同城市经济实力成正比,具有一定的经济意义。

第三,按地理位置分类法。

一是沿海城市。它是指沿海岸线建立和发展起来的城市,一般都以港口为依托。

二是内地城市。它是指既不靠海,又不靠边界线的内陆城市,其中有的是在江河口岸,如重庆、武汉、南京等。

三是边境城市。指靠近国境线的城市,如二连浩特市、满洲里市、凭祥市等。

第四,按行政隶属关系分类法。

一是中央直辖市,如北京、上海、天津。

二是省辖市,如内蒙古的包头市、乌海市、赤峰市。

三是地辖市,这类市属地区行署直接管理和领导的相当于县级的城市。

四是特区城市,如深圳市、厦门市、珠海市、汕头市等,一般为省辖市,对外经济采取优惠政策,以促发展。

在现代城市发展中,其结构日趋完善,管理呈现出复杂性,其功能日趋齐全,呈现出雷同性,在这种趋势下运用一般方法来确定城市性质,就较为困难。只有运用系统辩证思维来考察现代城市的性质,才能够得出正确的结论。只有对其性质有了较全面的系统认识,就能够为现代城市总体发展战略、规划、政策、计划、方向与规模提供科学的依据,就能够把握该城市的优势与劣势,扬长避短,发挥优势,促进区域性经济技术合作,推动更大范围的横向联合,更好地发挥现代中心城市的作用,以取得整体优化效益。

三、现代城市系统整体的功能

所谓城市的功能,是指城市在经济社会发展中所应有的作用和能力。具体地讲,就是指城市作为一个系统整体在一定地域、国家或国际范围内的政治、经济和文化生活中所应有的作用和能力。

现代城市系统的功能主要取决于城市系统自身内在的结构和外在所处环境协同作用的结果。现代城市系统整体的功能,不是城市系统内部各要素功能的简单相加,而是系统内部各要素之间在协调合理的系统结构中发挥作用时所产生的一种综合效能或整体效能;不单是城市系统整体自身合理结构所产生的整体效能,而且还包括与现代城市所处的外在环境协调一致所产生的综合与整体效能。这种整体效能是整体大于部分之和的整体优化的总体效应,也就是城市系统内在的经济结构、社会结构和市政结构在差异中协同构成整体结构而表现出的功能,大于各个单独组成要素结构所显示功能相加的和。系统的整体功能是一种新的具有很大促协力的功能。系统整体功能是在其所处外在环境中表现出来的,因此城市系统内部结构的涨落与外在环境的涨落协同作用时,现代城市系统整体的功能才能以最佳方式,以优化的结果、综合的整体显现出来。一方面我们承认系统的结构决定系统的功能,另一方面也承认环境条件决定系统的功能。但绝不能仅仅归结于系统自身结构;因为系统内在结构的优劣是由它的外在功能来显现的。所以我们说,系统的结构与外在环境有机地和谐地相互作用时,系统的整体功能才能最终表现出来。

为了更好地发挥城市系统的整体功能,我们提出经济体制改革和政治体制改革,一方面改革城市内在结构、机制的不合理性,使其趋于合理化和科学化;一方面也要改革城市所处的周围环境,包括自然的、经济的、社会的各种制约城市发展的外在因素,创造良好的环境条件,使现代城市系统的整体功能以整体优化的方式,予以表现。

现代城市的功能是多方面的,它由经济社会发展的现实条件所决定,并伴随整个经济社会条件的发展而发展。城市系统的功能主要有以下几个方面：

（一）商品工业生产的功能

城市产生的前提条件之一就是商品生产，这是它的基本功能之一。早期城市是手工业的聚集地。近代城市是在工业革命中形成的，是机器大工业的聚集地。现代城市，是现代化大机器进行商品生产的聚集地。因此，我们讲商品生产的功能是城市的首要的基础功能。

随着城市功能的不断完善，在工业生产中它拥有智能高效的机器装备，先进的生产技术、合理的生产工艺，素质较高的熟练工人，较高的经营管理水平，以及行业部门专业化协作发达，工业门类齐全，社会化生产程度高。因此，现代城市里有很高的经济技术吸收能力和商品生产的辐射能力。

商品工业生产的功能，一方面表现在工业部门不断地把周围地域的原材料、能源、设备和生活日用品吸收消费掉；另一方面又为周围地域提供各种各样的产品，供整个社会消费，成为社会物质文明生产的主要来源；再一方面它还为各行各业和广大农村地区提供先进设备和技术，并通过专业化协作，带动和刺激地区经济的发展。因此，城市系统工业在国民经济中起着主导的作用。

（二）商品贸易的功能

城市系统的商品贸易功能，表现在对外贸易商品的集散地和对内原料及产品的购销中心。也就说明市场具有外贸和内贸的功能。城市作为商品经济发展的产物，它与市场是密不可分的。城市作为商品交易的集中地和主要场所，这是现代城市的基本功能之一。

现代城市商品生产发达，人口集约，生产与生活消费量大，因而市场的基础容量很大；再加上现代化的服务设施完善，信息灵通，大市场、超级市场多商品贸易的客观条件优越；还有城市交通运输方便，对外经济技术联系有利，因此在城市进行商品贸易有得天独厚的条件。

随着城市结构的完善，大力发展商品经济，就要进一步完善市场体系，由单一公有市场转变为以公为主，公私兼顾、多渠道、多层次的发展商品贸易,以促进社会经济的发展。同时要建立各种类型的商品市场、金融市场、物资市场、运输市场、技术市场、劳务市场和信息市场,充分发挥城市商品贸易的功能。

（三）金融流通的功能

有商品生产,有商品贸易,就有金融业务。金融流通业务是商品经济同步伴生并为其服务的行业。城市金融流通功能,主要是由商品生产和商品贸易的高度集中和发达而决定的。在现代城市系统中,由于商品生产的集中,商品贸易的集中,必然导致资金的集中和资金流通的活跃,因此金融市场和金融机构在城市也就高度集中。与之相适应的财政、税收、保险、证券等机构也在城市集中,这就使得城市金融流通功能,显得格外突出。这是因为金融流通功能对整个国民经济起着调节、控制和分配的作用。

发挥城市金融流通的功能,就要进一步完善金融系统的结构,做好为发展经济建设所需资金的筹措与分配,有计划地发行货币,控制信贷,做好资金的合理流向,充分运用价格、税收、信贷等经济杠杆,提高全社会的经济效益。加强对外汇的经营和管理,发展对外金融业务,促进和引导对外贸易及其他活动的健康发展。

（四）政治领导的功能

列宁指出:"首都或一般大工商业中心(在我们俄国,这两个概念是相同的,但并非永远如此)在颇大程度上决定着人民的政治命运"[1]。"无产阶级掌握了这些中心地区,……也就等于掌握了国家政权的神经中枢、心脏和枢纽。"[2]列宁的这段论述指出了城市作为政治中心的领导功能。

从城市的产生与发展过程,可以看出城市历来是各个统治阶级进行区域统治和国家统治的政治领导中心。由于城市所处的地理环境优越,交通运输发达,商品经济繁荣,人口素质高而集中,信息灵通,传输迅速,设施齐全,有利于统治阶级在政治、法律、军事、外交等方面的统治。各国的首都,

---

① 《列宁选集》第4卷,人民出版社1972年版,第121页。

② 《列宁选集》第4卷,人民出版社1972年版,第129页。

各地的首府无一不在城市。在资本主义社会是这样,在社会主义社会也是这样,都把城市作为自己进行政治领导的中心。以城市为中心,制定和颁布国家的各项方针、政策和法令,召开各种重大的政治性会议并通过设在城市的各种政府机构领导、协调、管理整个国家和地区的社会活动,开展各种外交活动,维护国家主权,推进国际和平,维护国家安全与社会稳定,保障国家建设的正常进行。

(五)信息传输的功能

信息是系统事物通过物质载体,借助于能量所发出的消息、数据、信号中所包含的一切可传递和交换的知识内容,是表现事物存在的方式、状态、联系、发展的特征的一种表达或陈述。信息具有社会性、流动性、价值性和开发性的特点。信息的收集、处理、传输等都需要高的物质条件。我们现在处在信息革命的时代,现代科学的发展,微电脑的开发,把信息事业推到了更加突出的重要地位。信息是资源,信息是财富,信息正在转变着人们的观念。

城市系统信息传输功能表现在城市工业、商业、金融、经济、政治、科教、文化、市政等各方面的集中与发达,同时与周围环境发生密切的联系,这一过程本身就产生大量的信息。城市是信息产生的主要发源地。在城市内有先进的信息传输设施。又由于城市具有经济与政治的领导功能,所以由城市发出的各种信息,具有很强的辐射力,在一定的区域内具有重要的指导作用。在一定的区域内,城市的物质集中,能量强、信息流通快,反馈敏感,传输条件先进,信息作用大。

在信息时代,要充分发挥现代城市信息中心的作用。一个中心城市,要建立统一的、完整的国民经济和社会发展的信息系统,把全国各地区、各部门、各企业连成一个庞大的、周密的、有效的信息网络,尽可能建立国际情报信息搜索网络,并采用电子计算机与现代通讯技术,组成各种联合系统和电子计算机网络,对信息进行收集、处理、传递、存储,使信息系统准确、高效地为国民经济和社会发展服务,我们要抓好信息情报人员、硬软件专业人员、信息管理人员的培训工作。城市的信息功能发挥如何,标志着一个城市现代化水平。

（六）科技、教育、文化等知识功能

城市系统科研机构、科研手段、科研成果、科研人才集中，是国民经济发展的后盾，是先进的生产力。在城市系统中，教育发达，院校集中，人才济济，是国家振兴的基础条件，城市在任何时候都是文化中心，城市中创造和保存了人类丰富的文化艺术，图书馆、展览馆、博物馆、电影院、剧场，娱乐园等大都集中在城市中。我们应当花大力气来恢复和发挥城市的科技、教育、文化等知识功能，增加投资，为这些事业的发展提供必要的物质前提，使精神文明的生产更好地为物质文明的生产服务。

（七）综合服务的功能

上述城市的六个功能都直接或间接地为国民经济发展和社会进步起到了服务的功能。这里讲的主要是指为城市居民服务的具体功能。城市是生产中心，又是消费中心。一方面人口集中，消费量大；另一方面经济发达，消费水平高。城市居民的吃住衣食用，都要求现代城市系统要具有很强的综合服务功能，以适应城市的发展。

城市要具有综合服务功能，就必须重视不断完善自身的各项基础设施，有效地制止环境污染，发展城市居民的住宅、交通、卫生、医疗、饮食、游乐等各项公用事业，大力增强城市自我生存和发展的能力。

城市本身是一个完整的系统整体，城市内部各要素、各行业、各部门、又是一个完整的子系统。这些子系统的功能，既可以各自成为一个复杂的系统，又可分为若干个层次和方面。以上所简述的现代城市系统的七大功能是互相联系、互相制约的，形成了城市功能的综合体。在实践中，我们要注重城市功能相互联系，相互成系统的特点，把城市建设成为具有多功能的开放式的文明城市。

第三节　现代城市系统的规律性

现代城市系统是人类社会发展的历史现象，是一个系统过程。它的系统结构与功能,它的系统物质要素、能量要素、信息要素经历了一个从无到有、从小到大、从少到多、从简单到复杂、从点到线、到面、再到整体的历史发展的系统过程。现代城市系统的规律性就如自然界与意识形态的系统发展一样,总是遵循着一定的客观规律,现代城市系统的发展也有其内在的规律性,即现代城市系统的整体优化规律、结构质变规律、层次转化规律和差异协同规律。现代城市系统发展规律同经济社会的发展规律一样,是通过主体人类与客体环境进行实践得以实现的。下面我们从系统辩证思维的角度对现代城市系统发展的一般性规律,作一阐述。

一、现代城市系统整体优化规律

现代城市作为一个系统整体,它有其物质、能量、信息,有其内部结构、层次、功能等因素,同时具有其目的性。依据人类社会发展过程的目的性,城市系统的产生、兴起、发展和趋势也有其目的性,即按照整体优化的目的,以求人类社会的协调发展,这就是现代城市系统整体优化规律。城市是一个开放系统,它的发展又与周围环境、区域经济有着密不可分的相关性。例如,地理位置、自然条件、历史演变、交通状况等物质、能量和信息等要素,无不对现代城市系统的发展起着深刻的影响。现代城市系统整体优化规律则是内部结构要素协调发展,也是它与外部环境和谐发展的有机统一,从而显现出其发展的整体优化性。一个现代化城市系统,一旦失去内部结构诸要素的整体性、协同性和目的性,城市的发展就失去稳定性,其优化性就会不复存在。同理,只有现代城市内部各结构要素的整体协同性,而无外部环境的和谐性,现代城市系统整体优化也不能持久地维持下去。因此,我们讲现代城市系统的整体优化规律,强调的是内部结构的协同性与外部环境的和谐性有机地结合在一起,社会在整体优化规律的作用下,城市的发展出现繁荣、百业俱兴的大好局面。

现代城市作为一个系统整体,在分布格局上也受其整体优化规律的制约。就我国的情况来分析,现代城市系统之所以东部比西部发展快、密度大,这与自然地理条件、历史发展过程、交通状况等物质、能量、信息等要素有密切的相关性。东部城市大都处于平原与丘陵,季风气候带,水系稠密,降雨丰沛,土肥水美,景观壮丽,农业发达,临近沿海,对外联系方便,经济开发较早,因而在安定团结局势与改革开放的环境下再加上某些城市的优惠政策,比西部城市有了一个长足的发展。其他区域的城市系统发展,也都在相应的因素条件下,沿铁路、公路交通的发展,沿江河、湖泊的发展,处于能源、矿产资源、景观区域的发展,处于政治、文化中心的发展等等。现代城市系统的发展总是在诸要素的整体优化的前提下发展。没有城市内部结构要素的整体优化,没有周围环境的整体优化,没有两个内外条件相结合的整体优化,城市的振兴和经济的发展就难以实现。

这就是《系统辩证论》讲的:系统整体是基本的,而系统各部分是构成整体的基础,没有部分就没有整体。统一整体是系统各部分相互联系的过程,系统各部分在受整体制约下相互联系、相互作用、相互影响和相互转化;系统各部分按照系统整体的目的,发挥各自的作用。部分要素的结构与功能是由它在整体中的地位与质的规定性来确定的,它的行为是受整体与部分的关系规定的;系统整体是由物质、能量、信息构成的综合体,整体内在结构是由要素、层次、中介构成。系统整体与部分都处于运动发展变化中。现代城市系统的发展与运动无不是按照上述整体性原理进行着,同时遵循着系统事物发展的目的性、有机性而展开,整体优化展开程度的深度又受着城市内部结构和外部环境运动的多种条件制约。

总之,现代城市系统的产生、发展、布局、衰亡;都在受到整体优化规律作用,都在受到区域环境的影响,都在城市与区域间、城市与城市间、城市内部各要素间、各要素、结构、层次间,在物质、能量、信息上差异的驱使下,向着城市系统整体优化、城乡一体化的方向发展着。这是不以人们的意志为转移的客观规律。

二、现代城市系统结构质变规律

现代城市系统不仅受整体优化律这一基础规律的作用,同样也受结构质变律的制约和作用。这是因为结构质变律是对现代城市系统的整体优化进行深入的研究和发展。它揭示了现代城市系统内部结构的相关性,并揭示出整体优化的城市系统是由其内在结构质的规定性决定的,而这种结构质的规定性也制约着其功能外在表现的深度和广度。搞清楚现代城市系统的结构质变与其功能的系统辩证关系,对于搞好城市规划、建设、管理、改革具有重要的意义。

系统辩证论认为,现代城市都有一定的结构和功能,都是城市内在结构与外在功能的统一体。现代城市系统的结构是指现代城市系统整体政治、经济、社会等各个要素之间、各要素与系统之间排列组合的相互联系的形式,它是一城市区别于其他城市的内在规定性。现代城市系统的整体结构优化,可以发挥各要素不能单独发挥的作用和功能。现代城市系统整体的结构向复杂化发展,例如政治机制、社会机制、经济结构、文化科技结构、交通运输、金融流通、信息服务等结构或称之为子系统绝不是单独孤立地存在,而是有机地形成现代城市系统整体。城市内在结构质由三个因素决定:要素的质量、要素的数量、要素的结合方式即时空秩序。现代城市系统整体的结构与功能是辩证的关系。而且结构的变化影响着功能,但结构不能定量归结为构造,它还包含着要素之间的相互作用和活动,包含有物质、能量和信息的交流,现代城市的结构并非机械排列,而是有先有后,有主有次,有疏有密,其中要素的质量高,要素的数量集约,要素的序量合理而有序,与周围环境显现的功能较强,物质能量优化于其他要素,并对其他要素有很大的促协力,这样的结构我们称之为现代城市系统整体的"结构核"。

不同城市的"结构核"不同,对周围区域所显现的功能也不同。例如美国的华盛顿市、德国的波恩市,主要功能是政治中心;伦敦市主要功能是国际金融中心;纽约市是国际贸易中心;硅谷、筑波是新兴的科学城。又如我国的北京是全国的政治中心;上海、天津、大连是港口城市,是国际贸易中心;武汉市是几省通衢,是商业贸易中心;常州、石家庄是轻纺工业中心;抚顺、唐山是能源和原材料工业中心;大同、淮南是煤炭中心;鞍山、包头是钢铁工业中心;大庆、东营是石油工业中心;杭州、苏州、桂林、承德是旅游中心等。在不同的地域空间和历史阶段过程中,一个城市内在的不同系统的"结构核"是发展变化的。一个现代城市在发展过程中,把握住系统整体的结构核,有利于研究制定城市发展战略、发展规律、与产业结构政策,较能科学地有客观依据地选择主导产业、支柱产业和一般产业,就能确定发展哪一行业结构,维持哪一行业结构,压缩哪一行业结构。

现代城市系统有其内在的结构,在诸要素结构中总有一个客观的主导结构形成该城市的"结构核",结构与"结构核"的发展运动与变化,其必然趋势是向合理化的方向发展,向整体优化的方向发展。这是现代城市结构质变律的一条基本规律。

现代城市系统整体结构的质变,决定着该城市外在功能的变化。尤其是城市的规模结构、经济结构、城市区域分布结构的形成和发展,对整个城市发展起着重要的制约作用。现代城市的规模结构的调整所引起的结构质变,必然促进城市化的进程,由点式城市化→环式城市化→带式城市化到城乡一体化。在城乡一体化以前的各个城市化阶段,由于城市规模结构的质变,经济结构的质变,城市区域分布结构的质变,大城市和特大城市的出现与升级是不可避免的正常现象,小城市、卫星城镇数目的迅速增多也是必然的现象。只有到了城市化阈值达到 70% 左右,人均国民产值的阈值达到 4000 美元的时候,那么这个地域的城市化进程就将发生根本质变,实现城乡一体化,大都市的人口才能停止增长或者开始减少。由此可见,把握城市规模结构质变规律,对于我们不断发现大中小城市发展的客观比例关系和规模结构,从而制定出发展哪一规模级别的城市和抑制哪一规模级别的城市规划,使城市规模结构质变按客观规律办事。不致于使我们的城市发展重犯过去那种违背规律的内地城市——大三线城市——小三线城市—沿海城市的老路子。调整城市规模结构,一定要从城市整体优化的规律出发,该发展大城市发展大城市,该发展小城市的就发展小城市,只要城市规模结构合理并整体效益优化,结构质变律就会发生巨大的作用。

现代城市内在结构的质变,对城市发展有着决定的作用。城市的内在结构决定某一具体城市的性质,决定着城市发展的方向和速度,决定着城市综合效益及其功能的发挥。城市内在结构极其复杂,一般认为主要有经济结构,它是城市发展的基础结构;社会结构是城市发展的主体,指城市人口的集合;建设结构是城市经济发展的物质保证条件;投资结构是决定城市产业结构未来质变的最重要的杠杆和措施;生态平衡结构决定城市内在其他结构的合理性的客观尺度。无论是经济结构的质变、社会结构的质变、建设结构的质变、投资结构的质变都有一个客观的阈值域,这个阈值就是城市的综合效益——经济效益、社会效益和生态环境效益。

因此可以说,现代城市内部结构质变规律决定着城市功能发挥的深度和广度。城市内部结构质变,一定要有利于城市综合服务功能的完善,有利于组织、管理、协调经济社会功能的协同发展,有利于社会再生产功能的扩大,有利于商品流通的组织和自然调节功能的发挥,有利于交通运输的协调和组织功能的配置,有利于科技文教功能的聚集、转化与扩散,有利于信息功能的传输,有利于金融的聚散功能的调配,有利于投资在等量基础上获取更大、更合理的产出。一个具体城市内在结构的调整方针与政策,一定要适应宏观与微观城市结构质变规律。违背了这一规律,城市的发展就会出现畸形,给后人留下不可弥补的损失。

现代城市系统结构要在经济体制改革与政治体制改革的同时,逐步建成耗散结构的城乡模式。城市耗散结构是指一个远离平衡态的城市开放系统,当城市所处外部条件变化达到一个特定阈值时,某一结构的量变可能引起城市结构的质变,城市系统通过不断地与外部世界交换物质、能量和信息,会自动产生一种自组织现象,组成城市系统的各子系统会逐渐形成一种非线性相互作用,并从原来的无序状态转变为一定时间、空间功能的有序结构,这种非平衡态下的新的有序结构称之为城市耗散结构。城市的这种耗散结构是指在较大区域内即在国际范围内与外界交换物质、能量和信息,它是一种非平衡动态式的稳定有序结构。这种非平衡动态式的稳定有序结构,是在城市开放、竞争中来实现的。从平衡结构的城市来看,它具有旺盛的生命力,这种城市的活力与国际的波动连在一起,并千方百计地适应国际环境的变化,以求得城市系统的综合效益。因此,把我们的城市建设成为一个耗散结构式的新型城市,是改革开放不懈的价值追求。

三、现代城市系统层次转化规律

现代城市系统的层次转化规律,是对城市整体优化律和结构质变律的补充与深化。它进一步揭示了现代城市系统存在的形式和层次及其变化的方式,揭示了城市历史发展过程和现存量的量变过程总是以层次转化的形式向前运动或是上升发展。现代城市系统层次转化是从深层来进一步阐明现代城市结构质变的运动过程。

现代城市是一个大系统,这个系统不仅有物质、能量、信息,而且不同质的城市有不同的结构和不同的功能。城市的结构、要素和功能又分不同的等级和层次,而这种不同层次的量变是达到城市结构质变的前提条件。也就是说,城市内部结构是分层次的,是有等级的。在任何一个城市系统中整体性、结构性、动态性、开放性、预决性都是有层次的,都具有层次性。一个城市在规划、建设、管理中失去层次性,它就处于无序的混沌中,城市系统整体优化性就有可能被破坏。

系统层次转化遵循的普遍性法则,就是守恒,即质量、能量、动量、动量距、电荷、重子、轻子守恒等定律。层次转化的方式是等级秩序原理和层次中介原理。现代城市系统整体在结构层次、功能层次的转化过程中,都有一个中介层次,它是城市诸要素之间联系的中间环节。恩格斯指出:"一切差异都在中间阶段融合,一切对立都经过中间环节而互相转移……,并使对立通过中介相联系"。① 列宁指出:要真正地认识事物,就必须把握、研究它的一切方面,一切联系和中介。在现代城市系统整体管理中,把握诸要素、结构、层次、功能的中介的存在,中介的地位和作用,有助于全面理解城市系统内在层次之间的复杂性,有助于克服在对立统一规律上的简单化的倾向,树立整体的、多极的、系统辩证的思维方法。在城市系统层次转化过程中,

① 《马克思恩格斯选集》第4卷,人民出版社1995年版,第318页。

"度"是结构与功能统一的中介层次,是旧系统向新系统转化的一个过渡系统。

运用系统辩证论中的层次转化规律来观察和研究城市职能,就不难发现它的多样化、专业化和层次化。随着经济社会的发展,城市的结构日趋复杂,城市的职能也越来越齐全。现代城市的工业生产职能、交通运输职能、商品贸易职能、金融流通职能、科技职能、文化教育职能、信息传输职能无不呈现出层次性、中介性以及"度"的规定性。当前,大中城市的职能趋向多样化,同时又趋向于专业化和职能的层次化。例如,江苏省的苏州、无锡、常州三市,城市结构雷同,功能相似,导致了重复引进、不合理布局等问题。依据层次转化律,三市应根据各自的发展条件和优势,进行职能层次转化,明确其主导职能,加强专业化协作,使横向联合产生新的生产力。

还应当指出,现代城市系统在遵循层次转化律时,还有一个管理层次的模式:市级领导机构—旗县区委办局领导机构—街道、城镇办事处—再基层,要有一个层次等级秩序。在一般情况下,上级领导机构不要越级一竿子插到基层,而是逐级抓,提出层次管理目标,建立正常规范秩序,使各级领导充分发挥其积极性。上级领导机构即使到下面检查工作,也不能轻易表态,只能作为信息反馈的一种渠道,这样有利于层次转化的正常运转。

还应该指出,在层次转化规律的作用下,不同类型、不同规模、处于不同阶段的城市,其结构与职能各具不同的特征。某些小城市或新兴城市系统的职能呈现出单一性是一个必然的起初阶段。随着经济社会的进一步发展,职能会逐渐扩展,结构会逐渐完善,功能会逐渐齐全,最终形成主导职能突出的若干职能层次。

关于现代城市系统的层次转化原理,还要在以后各章中,将联系城市规划、城市建设、城市管理和城市改革做进一步阐述。也就是讲,层次转化律将同整体优化律、结构质变律、差异协同律一起在现代城市系统管理科学中起作用,这是普遍的客观的不依人的意志为转移的规律。

四、现代城市系统差异协同规律

系统辩证论认为,现代城市既然是一个系统整体,它自然遵守差异协同规律,并按照规律运行。差异协同律是系统物质世界包括现代城市系统在内的最根本的规律,它揭示了城市系统产生发展的渊源和动因。城市系统发展的根本原因在于城市内部结构的差异性、协同性与和谐性,揭示了城市系统整体存在、联系和发展的实在内容,差异协同律贯穿于城市系统整体相互联系的一切方面和一切过程中。因此,我们讲差异协同律是现代城市系统整体运动发展的中心规律。

现代城市系统整体是一个差异协同体。城市内部各结构、各要素、各层次之间有差异;各个城市之间、城市与区域之间、区域与区域之间都存有差异,但又都是差异与协同的统一体。差异与协同是系统辩证的统一。城市系统整体之间存在有质的差异的规定性,这种差异的规定性,就形成一定的"势能"。而这种差异所造成的势能,使城市系统内部与外部在进行物质、能量、信息交换过程中,内在的涨落与环境随机因素——因果机制——目的动因等外部涨落相适应、相统一,便出现城市系统内在涨落的放大,使系统的无序结构转变为有序结构的自组织能力,使系统进化为新质的规定性。也就是讲,差异引起竞争,协同引起和谐。城市管理者要善于运用随机——因果——目的等内在涨落与外在涨落的差异相同,求得城市系统的长期发展。

系统辩证论认为,城市不是一个点,不是一条线,也不单纯是一个面,而是一个差异相同的多维体。城市与城市经济是一个区域内的政治、经济、社会、科技、文化、交通、信息的中心,它对周围环境进行着物质、能量与信息的不断交流,使周围地区与城市系统自身在差异中协同发展。城市是周围经济发展和社会进步的"动因核",用列宁的话讲它是"前进的主动力"。城市与乡村有差异,但能够协同的发展。例如,城市的粮食、副食品的供应,依靠农村的供给;加工制造业的发展,需要周围地区提供原材料和能源;城市人口的大量集中,除本身自然增长外,大多数来自广大农村人口的转移。同时,城市以它雄厚的经济实力同周围经济区域发生密切的经济联系,许多重要产品要以周围广大地区为市场,并向外输送先进的科技、人才和信息,开展横向经济技术协作,带动和促进周围地区经济社会的发展。因此,我们说差异协同是城市系统整体发展的中心规律,而系统内在与外在差异协同的随机性、因果性和目的性是城市系统整体的"动因核"。而城市系统内在结构功能的本身,则是城市所在区域经济社会的"系统核",它处于对其吸引力和辐射力所达到的范围,并对这个区域内的经济社会发展起着主导作用。

但长期以来,由于我们在思维方式上仍在运用主要矛盾思维方式,两点论思维方式,把城市与农村绝对分离和对立,把经济区与行政区相分离,造成城乡分割,妨碍了城市经济与区域经济在差异中协同发展。这就违背了城市系统与区域经济系统差异协同规律,违背了城市是区域经济发展的系统核、动因核、前进的主动力等规律,使我们的经济不能协调长足发展。应该看到,经济体制的改革,逐步推行市管县,以城市来领导农村,这正是差异协同律系统核与动因核规律的客观要求和必然结果。今后应继续推行和扩展市管县的经济与行政区体制,建立和完善以城市为中心的各级各层次经济区,以充分发挥中心城市的吸引力和辐射力,发挥城乡各方面的综合优势,促进各地区经济社会的发展。

城市体系是城市发展的高层次地域组合形式,是差异协同律的客观要求。差异协同律不仅要求城市与农村、城市与周围环境在差异基础上协同一致发展,同时还要求城市与城市之间结成城市体系,在差异中协同发展。所谓城市体系是指在一定的有相关因素地域范围内,若干不同层次等级秩序,具有不同结构和功能;不同规模的城市,在经济专业化上形成合理分工、有机联系、协同发展的整体系统。社会化大生产要求专业化分工和协作联合,以获得最大的综合经济效益和社会效益。正如马克思、恩格斯所指出的:随着劳动地域分工的不断加深,"城市彼此建立了联系,新的劳动工具从一个城市运往另一个城市,生产和交往间的分工随即引起了各城市间在生产上的新的分工,不久每一个城市中都设立一个占优势的工业部门。最初的地域局限性开始逐渐消失。"①正是由于城市间彼此有差异,而这种差异又要求协同发展,从而促进了城市体系的逐步形成。例如,内蒙古自治区西部经济区即五盟三市②协作区的形成,有力地促进了经济、技术、社会的相互流通和协作,这是差异协同规律客观要求的具体显现。

在国际上,一些发达国家已形成许多城市体系。如德国的鲁尔区,由15个城市构成一个巨大的城市群体;荷兰的兰斯塔德,在6000多平方公里面积中,集中了三座50—100万人口的大城市,三座10—30万人口的中等城市。在我国不同地域的不同城市群体也在逐渐兴起。在江苏省宁沪铁路和京杭大运河不到90公里的带状地区内,形成苏州、无锡、常州三个大中城市的城市群体,常熟市、张家港市也在兴建中。在辽宁中部地区集中了沈阳、鞍山、抚顺、本溪、辽阳等五大城市;华北地区的北京、天津、唐山;湖南省中部地区的长沙、株洲、湘潭;浙江省的杭州、嘉兴、湖州等。总之,城市体系的发展是差异协同律在城市管理科学上的具体显现。

---

① 《马克思恩格斯选集》第1卷,人民出版社1995年版,第107页。

② "五盟三市":五盟是指锡盟、乌盟、伊盟、巴盟、阿盟;三市是指包头市、呼和浩特市、乌海市。

第三章　城市系统规划

所谓现代城市规划系统,是指包括城市发展的战略、规划与计划在内的一个系统整体。所谓城市发展战略,是指城市在一个较长时期内所要达到的整体优化目标和达到目标的有关措施的谋划。它在城市管理中带有方向性和指导性,它是规划范畴的最高层次。在这一章里,将对城市发展战略、规划和计划有关理论的意义,规划的核心问题、层次性、科学性等问题进行讨论。

第一节　城市规划系统的理论及意义

把现代城市规划看作是一个系统整体,并把战略、规划、计划看成是规划系统的范畴,运用系统辩证思维的基本观点去研究,这无疑对扩大现代城市领导者和管理者的理论视野,对于管理好现代城市具有重要的作用。

一、城市规划系统研究是城市领导者和
管理者的首要职责

城市战略规划是现代城市领导者和管理者的首要职责,这是由现代社会大经济发展的客观规律所决定的。现代化的本质就是实行从小生产转变为社会大生产,从小经济转变为社会大经济,从小科学转变为综合的大科学,从小信息转变为四通八达的大信息。要实现这种转变首先要使现代城

市的领导者和管理者实现思维观念的转变,实现这种转变要靠学习和研究领导管理科学,以新知识、新思想、新方法、新技术代替过去那种陈旧的观念。今天的城市建设实践,已不是孤立的自给自足的小农经济,而是包括工业、农业、商业、交通、科技、文化、教育等一系列分系统构成的大系统,而每个分系统又有子系统、微系统和一系列环节组成。系统之间、系统与要素之间、要素与要素之间、系统与环境之间又存在着结构层次与功能的联系,有着十分复杂的交叉效应。现代城市系统各个组成部分成为有机联系的整体,可以说牵一发而动全身,一个变化都会带来整体一串连锁反应。因此,作为一个现代城市的市长,首要的问题就是要从系统辩证论的观点出发,来研究城市和管理城市,来确定市长的职责。现代城市的工作千头万绪,首要的职责就是要研究城市发展战略、制定目标规划、实施各项计划,对于所领导和管理的城市发展前景要有一个清晰的蓝图。不然,"以其昏昏,使人昭昭"是不行的。当代许多研究领导科学的专家学者知道,现代领导者的根本职责有三项:一是目标规划,二是制定规范,三是使用人才。在这里,城市发展战略规划是关系现代城市系统整体发展前途的带有根本性的大问题,市长、省长、部长要抓大事,就是要抓这样的大事。

二、战略——规划——计划城市系统范畴链

我们把现代城市发展战略——规划——计划看成现代城市系统的范畴链,它对于现代城市的系统发展具有重要的理论与实践意义。

(一)战略、规划与计划的含义

总的说来,战略、规划、计划都属于规划范畴,这是由于规划的性质和所处的中介地位所决定的。制定战略的目的就是提高社会主义现代化建设的自觉性和预见性。计划又是规划的展开和深入,而规划则把战略与计划有机地联系起来,组成了战略——规划——计划的范畴链。

1. 战略的含义

战略概念最早产生于军事学,它同战术相对而言。它的本义是指对战

争全局方向性的谋划。在战争发展的全过程中,它总是起着指导作用,战争的胜负与战略制定的正确与否紧密相关。随着社会生产力的发展和科技进步,战略概念被推而广之。它的广义是指具有整体性的并带有决定全局最终优化结果的重大谋划。从这个意义上讲,它已被广泛应用于政治、经济、科教文等各个社会领域,出现了政治战略、经济战略、科技战略、教育战略、城市战略、人口战略等等。发展战略是指人们为了使某一社会活动能继续存在并进一步取得整体优化的目的,而在事先在较长的时间跨度上和较大的空间内作出的带有全局意义的谋划。它具有长期性、指导性、层次性和整体优化性。

现代城市发展战略,是指用于现代城市发展的战略。它包括现代城市的经济发展谋划、科教文发展谋划、建设规模的谋划等等。现代城市发展战略的研究已经引起全国理论界、政治界和城市管理者的重视,尤其是引起了市长们的重视。

主要原因来自三个方面:

第一,世界大形势、大潮流、大环境的影响。目前在世界范围有两大潮流交相出现,这就是新技术革命与新的产业革命潮流,还有就是社会主义社会改革的潮流。这两大潮流引起了各国经济结构与产业结构的调整与改组,世界大形势发生新的变动,各种竞争在加剧,政治风云在变幻。这种世界大潮流、大形势、大环境的变动,势必要影响到中国,尤其是要影响到中国城市的发展。这就迫使我们对城市发展的目标、途径与方向进行研究,做出对城市全局未来发展的谋略。

第二,严峻的挑战迫使我们要作出相应的回答。挑战的严峻性表现在这样几个方面:一是产业革命与新技术革命的挑战。这种挑战一方面说明发达国家技术与产业又在形成新的浪潮,这种跃迁会使我们与它们的差距拉大,我们将更落后;另一方面这种挑战也为我们的发展提供了机遇,不失时机地抓住这个机遇就可能获得后发性的利益。二是资本主义与社会主义两种制度的挑战。在两种社会制度中,谁发展快的问题,社会主义优越性问题,都面临着新的挑战。我们如何扬长避短,使社会生产力有一个长足发展,这要作出正确的、战略上的选择。三是社会主义国家改革进程的挑战。苏联的消失与中国的改革引起世界的瞩目,我们改革的进程快些、好些,对于中国在世界的地位、作用、形象影响很大。四是各种思潮对于马克思主义的挑战。新形势、新潮流、新环境要求马克思主义作出科学回答,如何发展马克思主义,如何正确理解、学习、贯彻建设有中国特色的社会主义理论等等。五是我国国情的挑战。我们的建设与改革所获得的成就是巨大的,但是我们落后的局面还没有得到根本的改变。人口多、底子薄,人均国民总产值居世界 100 位之后;12 亿人口,8 亿农民,有 8000 万扶贫对象;手工劳动仍是主要手段,落后传统的工业还占据着相当的多数,贫困地区覆盖面还相当大,这决定了生产力的不发达,生产关系与上层建筑不完善。我们要摆脱这种落后局面,就迫切地需要有一科学的战略作指导,尤其是城市的发展战略。

第三,城市发展的现状要求领导者们要注重发展战略。现代城市系统随着生产力的发展,其本身的社会活动越来越复杂,越来越多变,城市的影响也越来越大。现代城市的领导者要想使自己的活动取得整体优化的效益,就必须站得高、看得远,就必须从空间与时间的较大跨度上做出符合客观发展规律的谋划。城市系统中,众多的行业结构、要素、层次都处在迅速的发展变化中,都处在相互作用、相互制约的活动过程中,使城市系统呈现出十分复杂的状态。领导者要想把现代城市管理得卓有成效,那就必须瞻前顾后,纵观左右,审时度势,做好城市发展战略的制定。如果没有正确的发展战略,只从眼前的局部利益出发,那么城市众多的问题就不会从根本上得到解决,在竞争中就会处于被动,在困难面前就会束手无策,而且还会影响城市的长期发展,甚至会带来更多新的严重问题。在我国过去城市发展战略上,片面强调变消费城市为生产城市,人为强调三线城市和综合性工业城市等,这就造成了城市内部结构比例失调,"骨"与"肉"脱节,使城市发展缓慢,功能衰退,问题成堆,积重难返,阻碍了整个社会经济文化的发展。由此可见,城市领导者和管理者把城市发展战略放置首要的地位去研究,具有十分重要的意义。

战略具有不同的层次分类。从国家角度来看,有政治战略、军事战略和经济、社会发展战略。其中经济社会发展战略又可分许多种,如部门战略、领域战略、组织战略和地区战略。其中地区战略是指一定区域内的经济社会发展中关系全局的、长远的基本规划。区域战略的划分也有许多标准:按行政管理、自然特征、社会分工、民族聚居、经济特征等条件划分成不同的区域战略。按不同性质的区域划分战略,大都可以从规模大小上划分为大区级、省级、地级、县级、乡级战略。区域战略中包括着城市发展战略。而城市发展战略是指城市经济社会的发展战略,它属于综合性发展战略,它包括经济、科技、文化、教育、卫生、人口、治安等多方面的内容。

城市战略的基本特征:

城市战略即城市经济社会发展战略。城市经济社会发展战略是一个系统的整体,首先它具有战略系统的要素特征。主要表现在:一是战略的指导思想,即根据本城市经济社会发展的优劣势因素,亟待解决的重要任务,上级战略指导思想,国内外同等城市发展的新趋势来确立本城市具有本质特征的战略指导思想。二是战略目标即根据全国和上层次战略目标再结合本城市经济、技术、社会发展的基础、条件和在时空上的跨度来确定本城市的战略目标。主要包括经济发展目标即工农业总产值、社会总产值、国民生产总值、国民收入、经济效益等经济技术指标,人民生活提高的目标和社会安全保证目标。三是战略重点,即城市发展的战略重点在同全国战略重点一致的前提下,还要依据本城市发展战略的指导思想和战略目标,根据本城市的经济、技术、自然、人才优势等条件,来确定本城市的战略重点。四是战略阶段的划分,即城市经济社会发展战略的实施过程中,要依据城市有关基础条件来确定准备阶段、发展阶段、完善阶段,阶段时间的划分不尽一致,另外战略阶段的划分要有一个相对的标准尺度,以示阶段的完成。五是战略对策,即根据实现战略目标所需具备的主观客观条件采取的对策。

其次,城市发展战略具有多重功能的特征。从城市经济、技术、社会发展战略本身要具有多重功能,一是对国家战略、上层次战略作为本身战略要贯彻和实现;二是对本城市自身的战略要认真去实现;三是对本身所辖部门、县、区的战略要予以指导。城市发展战略有承担上层次战略的义务,又有指导下属层次的权利,还有与同层次城市战略相互交流与促进的作用。它的功能是多方位的。

第三,城市的发展战略带有明显的地区特征。如有的城市根据所处地区的自然资源的特点,制定以自然资源的开发利用为基础的经济开发战略等。还有城市的发展同周围地区的经济、政治、文化等发展状况有着密切的联系。

总之,在制定和研究城市发展战略过程中,要紧紧把握住战略的内涵、意义、层次与特征,才能制定出科学合理的城市经济社会发展战略。

2. 规划的含义

规划的本义是指比较全面的长远的发展计划。城市规划是指城市在一定时期内的发展目标和计划,是城市进行建设和管理的综合部署与基本前提。它是城市经济社会发展战略的深入与展开,是研究城市未来发展,探索城市合理布局,安排城市各专业系统发展的长期计划,是现代城市研究、建设、管理和改革的理论依据,是一个城市未来发展的蓝图。城市规划管理是指贯彻城市规划意图,调整城市内部结构,完善城市功能的主要手段,通过对城市内以上项目的用地、拆迁、改造、建筑等管理来实现自己的目的。有了城市的规划,就能按规划的要求进行城市内部产业结构、市政建设进行合理的布局,就能有组织、有计划、有秩序地进行城市建设与管理,使城市逐步按规划实现整体优化。

第一,城市规划的基本内容。城市规划是规划范畴的中介层次及中间环节,它是根据国民经济发展的总体规划,依照上层次的规划要求,在本城市战略的基础上,利用本城市的优势条件,确定城市的性质和规模,以及城市的内部各组成要素的比例,选择这些要素的空间配置,进行科学管理的组织安排,使各要素在结构上相互协调,在工农业上相互补充,为城市的生产、工作和生活创造一个良好的环境。

城市规划是城市大系统的一个重要因素,这项工作的主要内容有这样几个方面:一是调查、搜集、研究和分析城市规划工作所必需的基础背景资料,包括经济的、政治的、文化的、科技的、人口的、治安的历史与现实的资料,上层次有关文件,下层次有关的数据。在搜集这些资料时力争全面、准确、科学。二是根据国民经济计划或长远发展设想以及区域规划的要求,确定城市整体的性质,制定城市自身发展的规划,拟定并预测城市发展阶段上的各项技术经济指标。三是合理布局城市各产业结构、科教文结构、市政建设结构,在空间上有个科学的组织安排,同时并对原有市区利用、改建、扩建的原则、步骤与实施方案预以确立。四是依据现代城市的客观标准,结合本城市发展的实际状况,拟定城市建筑的艺术格局、地区民族风格和时代旋律的原则与设计方案。确立各项市政设施和工程措施的原则与技术方案。五是根据城市的建设周期和年度投资计划,安排各项规划期内的建设项目,为各系统工程设计提供依据。由于每个城市的性质与规模、历史与现状、自然条件与社会条件各有差异,由此也就决定了城市规划的内容也要各有不同,规划也要有自己的特点和重点。规划的制定一定要从城市整体优化的实际要求出发,量力而行,竭尽合理与科学。

第二,城市规划的特点。城市规划工作涉及到国计民生的大事情,涉及到政治、经济、科学、艺术、文化等各方面的问题,是一项复杂的系统工程。这项工作的特点有:一是政策性。城市规划要体现城市发展的战略部署,还要体现国家关于城市发展战略的要求,同时又涉及到国民经济的各部门,以及整个城市居民的物质与精神两个文明需要。城市的总体规划中,重大问题的解决都关系到各级政府制定的一系列方针政策。因此,城市整体自身一定是政策的具体体现和模范的贯彻。二是整体性。城市规划一定把城市内的各个结构、要素、层次作为系统整体来统筹安排,处理规划中的问题,一定要注意规划中的相关因素带来的影响,必须把城市系统的整体性与规划的整体性有机地结合起来。三是地方性。城市规划本身是一项地方性很强的事业。每个城市在国民经济中的任务和作用不同,历史条件、发展要求、性质规模也各有差异。要注意城市规划中的共性东西,也要尊重城市规划中合理的个性东西。四是阶段性。城市规划要注意发展中的阶段性,要注意规划中所涉及方面的过程性。规划在阶段性上要有现实性,更要有预见性。规划在实施过程中,因客观世界的多因多果的随机干扰,还有实践过程出现的经验与教训,应及时进行总结,并把这种信息输入到下阶段的运转中,使规划更能接近客观实践过程,按城市发展的客观规律办事。

第三,城市规划的分类。城市发展规划的分类标准有许多,但主要有两类:一类是总体规划。这类规划是从城市的全局出发,确定城市性质和发展模,确定主体产业结构,指出城市经济、社会、文化等各个系统发展的方向与趋势,明确生产力的布局,交通运输的发展状况,科教文事业发展的安排,以及主要的技术经济指标。二类是具体规划。这类规划是指城市在近期内经济、技术、社会发展的安排方案,如产业结构近期具体项目的安排、内部结构构成、发展速度以及城市分系统的安排方案。具体规划还有部门、行业、基层企事业系统之分。

3. 计划的含义

计划是指在城市建设、城市管理、城市改革过程中,根据近期要求实现的目标预先拟定的具体内容和步骤。计划属于规划范畴,它是在规划指导下的更具体、更明确的工作实施安排细则,它是规划得以实现的基础,规划是计划的前提。计划在战略——规划——计划范畴链中,具有基础环节的作用,计划的顺利实施,为规划同时也为战略的实现提供了保证。因此,我们要特别注意计划目标的实施情况。

(二)战略一规划一计划范畴链的辩证关系

战略、规划与计划构成一个系统整体,同属于规划系统的范畴。在规划系统范畴内,战略、规划与计划是系统辩证的关系,它们相互作用、相互联系、相互制约。在这个系统整体中,战略起着主导作用,规划起着关键作用,计划起着基础作用,它们构成这一系统整体的分系统或要素。它们每一个要素也可能成为一个系统,有其要素结构和功能。

第一,城市战略的主导作用。这种作用就是通过城市的总体规划,具体实施计划来提高城市研究、城市建设、城市管理的自觉性和计划性。它是解决城市经济技术社会发展过程中全局性、整体性的指导思想与指导方针,是一个城市系统中规划与计划的理论依据。城市发展战略的特点在于对城市系统整体的概括性和思想性,而这种概括性与思想性的作用在时间上跨度较大,在空间上作用较广。因此,我们认为城市发展战略具有主导的作用。城市发展战略所确定的一定历史时期的基本发展目标和实现这一目标的根本途径,为城市经济技术社会发展指明方向和提出了指导原则。它的付诸实施,还要具体展开和深入。

第二,城市规划的关键作用。这种作用是由于它自身在范畴链所处的中介层次或中间环节所决定的。城市发展规划是对城市经济技术社会发展的远景描绘出来的一幅蓝图。城市发展规划是对城市远景发展的科学的规定和科学的论证,是城市整体优化的现实的理想。城市发展规划是把目标和为实现这一目标所必须具备的主要因素在城市发展战略思想与方针指导下,作进一步定量化的分析与数据指标的详尽规定,这些量化的目标之间要有一个协同发展的综合平衡的比例关系。城市发展规划还要依据城市发展战略的目标和途径,确立若干重大的项目和措施,并确定这些目标实施的步骤与条件。因此,规划是战略的深入展开,是战略的具体体现。通过规划把城市发展战略落在实处,并反过来对城市经济技术社会发展战略的目标与途径的可行性又做进一步定量化的论证。规划的关键作用还在于以清晰的蓝图和科学的技术指标,来宣传和教育群众,使整个城市内的群众或城市辐射与吸引地区产生一种思想上的共鸣,形成一种潜在的促协力,使整个城市物质文明建设与精神文明建设出现整体的优化。这是战略和计划所不能起到的作用。同时,规划还在导向城市各种计划的继续展开与实施。

第三,城市计划的基础作用。这种作用不仅证明计划是在城市发展战略的思想与方针指导下进行的研究制定,它还要在城市发展规划的具体导向下进行研究制定与实施。也就是计划要受战略和规划的制约;同时计划制定的科学程度又反过来对规划进行可行性的论证,它的实施结果使战略与规划落实到了最基层。城市的具体计划是指城市经济技术社会发展的具体的行动安排。计划的时间跨度不能太长,一般说来,计划期通常为规划期限内的不同时限,如中期计划、年度计划、半年计划与季、月、旬计划等。城市发展计划是城市经济技术社会发展战略与规划的具体行动计划,它在思想上、行动上要与战略规划要求相一致。具体计划的推行要严肃,并在法律管理、行政管理、经济管理中要有一定权威性。

总之,战略规划与计划是一个系统整体,同属于规划管理范畴,但它们又各具有不同的结构、功能,在不同的层次范围内进行研究,而战略、规划、计划都有确定的界限。如果把它们纳入规划系统范畴来考察,它们又相互依存与转化,具有整体性、有机性和统一性。

(三)战略——规划——计划范畴链的意义

在城市发展中把现代城市经济技术社会发展的战略——规划——计划形成城市管理过程的范畴链,这是运用系统辩证思想来研究城市管理的中心范畴,也是现代城市领导者和管理者的首要职责。把握城市发展的战略——规划——计划这一范畴链,对于促进城市领导者和管理者思维观念的转变,对于丰富领导科学,对于城市建设、管理与改革具有重要的理论与实践意义。

第二节　城市规划系统的结构核

现代城市系统是一个国家或某个地区产业相对集中的地域。一个城市的产业结构是否合理,产业规划是否得当,是关系现代城市系统功能是否完善,中心城市作用能否发挥的根本性问题。产业结构是动态发展的,随着城市内外部环境的变化、生产力水平的发展,以及随着时间的推移,产业结构经常的、自觉的进行调整,这是一种规律性的现象。采取什么样的产业规划、产业政策,这是城市制定发展战略及规划系统的核心问题。产业结构决定城市的性质、地位和作用,它是城市产生与发展的根本所在。一个城市的产业结构在物质、能量、信息等方面占据主导地位,对产业结构的调整要依据城市发展的战略、规划来进行;反过来产业结构又在决定战略、规划、计划的基本内容。由此可见,我们把产业结构作为现代城市规划系统的结构核,是城市系统发展规律的客观要求。下面就产业结构在规划系统的有关问题作一探讨。

一、产业结构的理论探讨

所谓"产业"是指生产有形物质和无形物质(包括精神产品)的集合体。它包括国民经济各个层次,大至各部类,如一、二、三类产业;中至国民经济各部门,如农业、工业;小至各行业乃至企业。

产业结构包括三方面的含义:国民经济各产业之间和产业内量化的比例关系;产业的素质(技术水平和组织效率);产业的空间(区域)分布。生产力是发展的,产业结构也是动态变化的。产业量化的比例关系可以从两个层次来考察研究:国民经济中第一、二、三产业的构成是产业结构的第一层次;第一、二、三产业内在各自的内部构成是产业结构的第二层次。作为一个城市的规划系统,既要从完善城市功能,发挥中心城市的作用需要出发,来研究各产业之间和产业本身内的量化比例关系和产业的空间(区域)分布;又要重视研究产业的素质。产业的素质可以从两个方面来考察研究:一是从加工度、附加价值高低、资金密集程度、技术知识密集程度和新兴产业所占比重进行考察研究;二是从规模效益和国际、国内市场的竞争力进行考察研究。为了使城市产业结构调整规划更具科学化与合理化,为制定城市经济技术社会发展战略与规划提供重要的依据,首先必须对研究对象——城市产业结构演变历史与现状进行全面的分析。其中对城市管辖区内的农业与工业结构、轻工业与重工业的结构,以及轻工业、重工业的内部结构演变历史与现状进行全面定性与定量化的分析,并从中找出规律性的东西,为制定产业结构调整规划提供理论依据。

二、产业结构整体优化原则

在城市经济技术社会发展战略、规划与计划中,关于产业结构调整与产业政策,一定要遵循产业结构整体优化的原则进行研究。

城市产业结构整体优化原则的标准是客观的,从一般意义上讲,城市产业结构要与社会主义市场经济相适应,与世界新技术革命和产业革命的潮流相适应,与改革开放的总方针相适应。同时产业结构要有利于国家与城市的繁荣,有利于人民物质与精神生活的富裕幸福,有利于城市经济技术社会整体经济效益、社会效益和生态效益的协调发挥。从具体产业结构来讲,符合国情、区情、市情,符合自我发展的能力,能扬长避短,发挥资源、生产、技术优势;产业的组织结构、技术结构、规模结构、生产布局结构符合现代化城市的本质要求,按比例、协调、稳定增长,速度适宜;建立和健全有城市特色的工业体系;发展新兴产业部门,并以它为先导,促进技术的不断进步;俱有较好的创汇能力;具有自我调节、自我控制、自我发展和自我应变能力;以提高城市系统整体效益为中心,以更好地满足人民物质和文化生活需要为目的。实现产业结构的整体优化,要按照以上客观标准,不同的城市都应更多更好地利用本地区的供应充裕、价格低廉的产品,展其所长,避其所短,并通过区域间的商品流通,以己之长,补其之短,以其之长,补己之短,使本城市的产业结构更趋于合理化、科学化,以求整体优化的实现。

在追求产业结构整体优化过程中,要想使产业结构实现整体优化,很重要的一项任务就是选择优势产品和优势产业。不同层次的优势产业是不同的,只有那些运到消费市场,其完全换算费用(包括产品的生产费用、流通费用、生产与流通过程中资金占用量的利息额之和)低于全国平均水平和其他城市的产品,并在质量上、数量上、价格上具有较强竞争能力的产品,才可作为城市的优势产品,其产业才能是优势产业。优势产业或叫支柱产业、重点产业在战略与规划中被确立之后,可依据产品的辐射市场,推算市场需求总量,进而再确立优势产业发展的规模。再依据资源状况、生产能力、资金来源等因素,最后推解出优势产业发展的速度。优势产业发展的规模与速度被确立之后,就要确立其他的产业结构:一种是为优势产业提供产量服务的产业;二种是对优势产业的产品或是利用其三废,进行初加工、再加工、深度加工及其他由优势产业衍生而出的诸产业;三种是为当地居民提供一般消费品的产业。还有基础产业部门,包括交通运输、能源动力、科技开发、劳动力培训等结构。产业结构整体优化的程序一般应该是:优势产品→优势产业→优势产业规模→优势产业速度→为优势产业产前、产后、生产过程中服务产业→生活消费产业→基础产业及其他产业的合理配置。一个城市优势产品、优势产业不一定是一个,但要对它们进行顺序的排列,以此来达到城市产业结构的整体优化。还有这样两种情况:一种是经济发展水平较高的城市,完全换算费用低于全国平均产品和产业的可能很多,而在本城市因受制约因素的制约,如受水、电、交通、能源、土地条件的限制,不可能同时发展,则应根据"两利相衡取其大"的类比原理,优中择优,选择与全国平均水平和其他城市水平相差幅度大的优势产品、优势产业;另一种是经济发展比较落后的城市,如果许多产品和产业的经济效益低于全国平均水平,则根据"两害相衡取其小"的类比原理,劣中择优,选择与全国平均水平和其他城市水平相差幅度小的产业作为优势产业。

确定城市产业结构整体优化的原则,还有从其他角度来权衡的。一般情况下我国新兴工业城市的产业结构偏重发展工业。这样的城市如何使城市产业结构整体优化,确实需要认真研究,寻找其产业结构整体优化的原则。

在城市经济技术社会发展战略与规划、计划确定之后,就要在实践过程中,紧紧把握产业结构整体优化这一核心环节,采取有力措施促使其向优化方向发展。主要措施有:以新技术、新成果改造原有产业结构,大力发展与信息技术有关的各项新兴产业,并以新技术对传统产业进行改造,使产业结构的发展建立在全新技术基础之上;大力发展第三产业,使城市产业结构进一步与其他要素配套;以先进的技术来改造和建设城市的通讯、交通等公用基础设施,完善城市功能,方便人民生活;大力发展科教文事业,加强精神文明建设,加快科技进步和人才培养;提高城市领导者和管理者的科学水平,改革管理体制,采用新的技术手段,实现廉洁、科学、文明、高效的科学管理;积极开展对外经济技术交流,参与国际竞争、利用外资,吸收国外先进技术成果和最新的信息等等,以保证产业结构整体优化的实现。

三、产业政策的理论探讨

产业政策是一整套以发展为目标,以改革为保证,协调价格、税收、金融、财政、外贸、外汇以及计划等调控手段的综合政策体系。制定正确的产业政策,能把发展与改革有机地结合起来,使经济发展战略与经济体制模式的转换,在方向上保持一致和协调。产业政策是许多国家实现工业化过程中所推行的一整套重要政策的总称。一些实施产业政策得力的国家如日本、韩国等国通过产业政策实现"竞争"与"干预"相结合,在发展和国际竞争中卓有成效。我国关于产业政策的研究在近几年才开始。产业政策不仅可以用配套的政策协调各项客观经济控制手段,为实现资源优化配置服务,而且可以通过产业政策来促进产业的专业化协作与横向经济联合,使企业增强竞争力和活力,以取得整体经济效益,保证产业结构整体优化。

产业政策要确保产业结构整体优化的发展方向。它要由过去那种片面追求产值与产量的增长速度,转移到注重效益、提高质量、产业结构整体发展、整体效益稳定增长的发展战略上来。国民经济由指令性产品经济转变到市场经济上来;由产值增长速度型经济转变到经济结构、产业结构合理化的效益型经济上来;由封闭半封闭型经济转变到开放型经济上来;由外延型扩大再生产转变到内涵型扩大再生产上来;由粗放型经营转变到集约型经营上来;由资源、人力开发转变到智力开发上来;由单一农村农业经济转变到多种产业经济上来;由城乡分割转变到城乡一体化上来;由资源优势转变到经济优势上来;国防工业、科研工作转变到军民一体、科研与生产一体上来;国营企业由依附型转变到自主型上来;人民生活由温饱型转变到小康型上来。各级产业政策要体现这些战略性的转变,并促使产业结构向整体优化的方向发展。

产业结构整体优化不仅要靠市场调节和市场竞争,还要靠产业政策的干预。为使产业结构整体优化,要运用价格、税收、信贷、财政等一系列政策进行干预和调节。产业结构整体优化要靠产业政策的整体配套作保障。产业政策的整体性包括建设与发展、改革与开放、战略与规划、计划,宏观、中观、微观、结构、功能等多种经济发展因素,求得整体的优化,整体的发展。例如,对不同产业采取不同利率政策进行干预,调节产业结构向整体优化的方向发展。发展的产业结构,实行倾向利率政策,保留产业结构实行相对利率政策,停止发展的产业结构,采取高利率或不贷款的政策;对于新兴高科技产业,可实行财政拨款的政策,予以扶植。因此,产业政策的制定与实施是市政府及其他各级政府宏观控制的重要功能之一。

第三节　城市规划系统的科学性

现代城市规划系统的科学性、层次性、权威性,是这一节研究讨论的重点,我们将从不同角度进行分析和研究。

一、城市规划系统的层次性

现代城市规划系统包括现代城市发展的战略、规划与计划在内的一系列层次。这些层次的范围有大小之分,并且都可以被看作是一个系统整体。系统是有层次的,不仅规划系统自身呈现出层次性,而且战略本身、规划本身、计划本身都可成系统,并且有层次之分。从纵向看,战略→规划→计划构成规划系统,并可以看出系统整体、大系统、分系统、子系统、微系统的层次来;从横向看,战略、规划、计划又各成系统,如战略系统又可分为全球战略→国家战略→大区战略→省区战略→市区战略→区旗县战略→基层企事业与镇村战略等,可以看出战略系统的层次性来;这些战略还可以分为部门、行业战略,也存在层次。既然战略是这样,规划与计划系统也是如此。由此可见,规划系统的层次性是客观存在的,并且层次的划分是相对的,子系统的层次相对于母系统说来,只是后者的一个层次,这个层次应该服从上一个层次。也就是说,在考虑下一层次的规划系统时,应当同上层次的规划系统的要求相符合,而不能相背离。当然,下一层次的规划系统不是被动的与上层次系统相符合,而是能动的、积极的、有创造性的符合,并对上层次规划系统进行客观的可行性论证。下层次规划系统的实践过程,将对上层次规划系统提供坚实的论据。

基于对现代城市规划系统层次性的认识,城市的领导者和管理者首要的任务就是从城市系统整体出发,抓全市经济技术社会发展的目标规划系统,而这个规划系统的核心目标是优化产业结构,完善城市功能,建立多层次的目标规划系统。这个规划系统包括:一是城市经济技术社会发展战略纲要,它为以后较长时期的城市发展目标指明了方向,并为实现目标明确了基本措施。战略纲要是城市目标规划系统的最高层次,是制定以下各层次目标规划的总的指导思想、基本方针和理论依据。二是城市国民经济规划纲要和城市国土规划纲要,这两个纲要构成了规划系统的次高层次,是以城市发展战略纲要为依据的城市地区综合开发和地域空间建设布局的总蓝图。三是城市国民经济和社会发展的五年计划,它是城市规划系统的第三层次,是根据以上两个层次的纲要,重点安排经济发展速度、规模和各种比例关系的中期计划,它更具有实践指导意义。随时间推移,这一层次将是各个阶段的五年计划。四是行业规划和旗县区发展战略纲要,这是规划系统的第四层次,它是从条条和块块两个方面对以上层次作进一步的延伸和深化。五是年度计划,根据以上四个层次的目标规划系统进行逐年编制,把中长期规划付诸于逐年实施。不同层次的目标规划系统就使得城市总体发展战略,由原则到具体,由平面到立体,由抽象到直观,把经济、科技、社会生态诸方面整体协调发展,并付诸于各个领域、各条战线,各个行业和企事业,变成指导全市人民经济、技术、社会活动的具体实践。

现代城市规划系统的层次性显示了这样的特点:

第一,时空兼容。城市规划系统综合时间和空间两个方面的有关内容,使规划系统的工作更具有科学性。就其国民经济的本质讲,是一个运动着的物质、能量和信息交换的系统形态,时间和空间是这个系统形态的基本属性。在这个系统中,即有时间上着重解决建设规模、发展速度和比例结构等目标的科学论证,并提出相应对策,如"五年计划"、"年度计划"等;又有在空间上侧重解决多维结构的布局问题,如人口配置、城镇部局、基础设施建设、环境综合治理和保护等,这些分属于"国土规划"、"城市规划"、"环境保护规划"等。因此这个规划系统的层次性,从时空两个方面,反映了国民经济的基本属性。规划系统的建立,对于研究城市问题更加全面,使决策更趋向科学性。它使城市建设、管理与改革在时间上避免速度快慢使经济比例失调,也可以在空间上避免规模布局失误给国计民生乃至子孙后代带来人为的灾难。

第二,宏微结合。城市规划系统使战略与战术有机结合起来,既加强了宏观控制,又保证了计划的具体实施。在规划系统中,既有提出战略目标、战略重点、战略对策、战略步骤、战略措施的战略纲要,又有协调人与经济,经济与资源,资源与环境、环境与人之间关系的国土规划;既有条条上的行业规划,又有块块上的旗县区发展战略纲要;既有五年的中期计划,又有年度计划。规划系统的前两个层次属于战略性、方向性、框架式的,是粗线条的轮廓,它们要通过后三个层次不断扩展和深化变成行动的清晰蓝图,并纳入各自的计划中去实施。年度计划是属于短期、微观、战术的计划范畴,制定年度计划宏观上的控制是多方面的,有多重的、不同角度的选择参考依据,可进行多方案类比,择技术可行、经济合理、社会效益和生态效益均好而定,有规划系统层次作保证,既体现了决策的民主化、科学化和制度化,又保证了战略规划、国土规划的实践性。

第三,特点突出。规划系统要求各个旗县区按各自的特点,编制发展战略,这样可充分发挥各自的特长,各自的优势,各自的功能。例如改造旧城区,逐步建成商贸中心和金融中心;以机械、纺织、冶金、轻工为主的各不同城区,应建成不同产业结构为主体的工业城区;以科研、教育、文化为主的各不同城区,应建成具有不同特点的科研区、教育区、文化区,成为教科文服务中心;不同的矿业区,应围绕矿产资源兴建深加工产业,并建成不同矿产基地。市管的农业旗县应本着面向城市、依托城市、服务城市,建立城郊型农业。遵循城郊一体化的思想,在农业资源调查和区划的基础上,确定各自的

发展战略,建设好城市的蔬菜基地、副食品基地、畜产品基地、各种经济作物
基地。这样就使规划系统具有各自明显的特点,有利于扬长避短,发挥优
势,使城市结构呈现出多样性,城市功能呈现出齐全性,这就增强了城市整
体系统的辐射能力和吸引能力。

总之,建立层次的规划系统是城市管理工作的重要改革,对于提高城市
领导者和管理者的综合协调能力和领导艺术水平,保证城市经济技术社会
持续稳定的发展,具有十分重要的实践意义。

二、城市规划系统的科学性

现代城市规划系统科学性,是指在规划系统的制定过程中,必须遵循现
代城市系统发展的一般规律,并根据国民经济和社会发展战略,依据国家城
市发展和建设方针与政策,结合城市所在区域的自然环境与经济状况,合理
地确定城市经济技术社会发展的中长期目标、城市性质、产业结构配置以及
城市功能、规模和布局,综合部属经济、文化、公共事业及各项基础设施建
设,使城市系统整体有计划有目标地协调发展,以取得城市系统整体优化的
效益。

实现城市规划系统的科学性,不仅要求规划系统内容的科学性,还需要
有制定城市规划系统依据的科学性实施,选择好科学性程序与方法的科学
性,以及处理好制定城市规划系统过程中的各种关系。下面就有关这几个
问题逐一进行研究:

第一,制定城市规划系统依据的科学性。城市规划系统的制定必须以
城市发展的客观规律为依据。城市系统是一个人造系统,又是一个自然系
统。它同其他系统一样,也有一个自然的历史过程,也是有规律可循的。制
定城市规划系统,必须首先研究和认识城市发展的一般规律,并把这些规律
作为制定规划系统的依据,才能使规划系统具有科学性。

首先,城市化是人类社会发展的一种必然趋势,这是一种客观规律。城
市化进程不断发展,是由于人们活动的相对集中,会产生经济技术社会的整

体优化效应,从而取得较高的经济、社会、生态效益。这是人类生产活动和社会活动不懈的价值追求。城市人口的集中,城市数量的增加,城市空间的扩大,城市生活方式的普及,必然成为人类社会发展的一种客观现象。城市化聚集效应有这样一个规律,开始时人们活动在城市以高度集中来提高经济和社会活动的效益,到了一定的值时,城市中心的原有人口和活动不断向周围区域扩散,使越来越多的农村地区也采取了城市的生活方式,在大城市的周围发展出许多中、小城市,这些城市有机的连接在一起,形成都市环或都市带,而原有城市的人口和活动密度趋于下降。城市化由集中到高度集中,再发展到适度分散这一规律原因有二:一是由于人们活动高度集中在一定时空范围内,造成居住困难、交通阻塞、环境污染、用地紧张、生活不便等问题;二是因科技进步,产生新的交通运输工具和通讯方式,各种高效的多样化生产与社会系统的广泛普及,使生活在城市中心与生活在城市周围没有多大区别。把握城市化进程的这种规律性,对于制定城市规划系统的科学性无疑是有利的。

其次,社会经济中产业结构的性质和发展速度决定着城市系统整体的性质和发展速度。制定城市规划系统的因素有很多,其中起主导作用的因素是经济因素,而经济因素中产业结构又占核心地位。把握住城市经济中的产业结构的合理性原则,对实现城市规划系统的科学性具有直接的重要意义。这是因为工业革命使人类掌握了全新的生产力,这使城市人口和财富成倍的增长,城市发展的速度大大加快。又由于现代科技飞速发展,信息产业使人们的生产方式和生活方式都在发生着新的巨大变化,从而极大地加快了城市化进程。由此可见,经济因素中的产业结构的性质和发展速度决定着城市发展的性质和速度,这是制定城市规划系统的主要依据之一。

再次,城市内外结构的系统发展规律是制定规划系统科学性的重要依据。随着现代社会化大生产的发展,各城市之间的分工协作,横向联系,构成了城市系统之间的有机结合;同时,城市系统内外部各要素之间相互依赖、相互促进、相互制约,构成了城市系统整体。城市内外结构使城市显现出系统发展的规律。这一规律也构成了制定规划系统科学性的重要依据。

特大城市和大城市成为全国或大经济区的政治、经济、文化、科技和信息的中心,以较高的能级在高层次上向四周产生辐射和吸引作用;中等城市作为省区级的政治、经济、文化、科技、教育与信息中心,以中等能级在中等层次上向四周产生辐射和吸引作用;小城镇作为较小范围内的政治、经济、文化和技术中心,比较低能级在较低的层次上向四周产生辐射与吸引作用。大中小城市以一定的比例在国家或世界范围内作出有规则的分布,并在一定区域起作用。它们互相依赖、互相影响、互相补充,构成城市外部结构的系统整体。一个城市内部也是一个多因素、多趋向、多结构、多功能、多层次、多目标、多因多果的系统整体,这些要素之间在差异基础上协调一致,相互影响、相互依赖、相互制约,协调发展。这就是城市内外结构的系统发展规律,这一系统发展规律遵循系统辩证思维的基本规律,即差异协同律、整体优化律、结构质变律和层次转化律对城市的发展起综合作用。因此在制定城市规划系统时,要依据系统辩证思维的四大基本规律,从全国经济技术社会协调发展的全局出发,根据不同城市的具体条件确定各自不同的发展方向、发展重点、发展速度和发展规模,同时对城市的经济、社会、环境、人口、科技、文化发展进行通盘考虑,还要对城市所处的地理环境、历史发展、资源条件、现状特征、与比邻区域的关系进行通盘考虑,以求整体优化的方案。

制定城市规划系统要依据城市化进程的规律、经济发展和产业结构的规律及城市系统发展的规律进行整体系统分析与系统综合,去求解规划系统的整体优化以达到它的科学性。

第二,城市规划系统目标选择的科学性。城市规划系统目标也是城市未来一定时期内发展的目标,是各种规划系统活动的总纲。规划系统目标决定规划行动的方案和实施计划。规划系统目标是城市未来一定时期内发展远景的集中反映。因此,在制定城市规划系统目标时,必须使各项目标具有科学性,否则规划系统目标就会落后。

现代城市是一个复杂的系统,它的发展要涉及政治、经济、科技、教育、文化等方面的课题,还要涉及人口、住房、交通、道路等方面问题。这些多领域、多行业、多部门都有各自的目标,这些目标在规划系统中形成目标体系。

例如规划系统中高层次的战略目标,它要求城市内各系统目标的统一,这一战略目标应是全市人民共同奋斗的方向,也是大家的价值追求,战略目标具有较高的概括性和非时限性。战略目标选择科学与否,将决定城市发展的方向。因此为使战略目标选择更趋于科学,应注意以下问题的研究:

一是城市性质。应当注意到不同性质的城市,其发展规律和所要达到的目的不同。如大、中、小城市,综合型、专业型、混合型城市,沿海、内陆、边疆城市,它们具有不同的特征,也有自己独特质的规定性,因此它们的发展要求及所要达到的目标也是有较大差异的。另外,还有发达国家的城市与发展中国家的城市都有一些区别。一个城市的战略目标的选择,不能脱离本城市的本质,离开或偏离这一本质及性质,战略目标的选择就会失去科学性。

二是历史与现状。城市发展的历史和发展的现状对城市发展的方向具有很强的制约性。选择城市发展目标时,必须全面把握城市的发展历史过程,以及当前城市发展的现状,尤其是阻碍城市长足发展的关键所在,并对城市优势与劣势有深刻的认识。不把握和认识城市发展的历史和发展的现状,城市规划系统的目标就会失去科学性。

三是趋势与要求。未来科技、经济、文化发展的趋势,以及社会对科技、经济和文化发展的要求,是决定现代城市发展的基本因素。目前,新的科技革命和产业革命正在全世界范围内掀起,它正在改变着人们的生产方式、生活方式、思维方式。在制定和选择城市发展战略目标时,应把未来发展趋势的增量,以及把社会自身日益增长的物质和文化的需求量,作为充分考虑因素给予相当余量的目标选择。否则,规划系统的目标就会出现滞后性,目标选择就会失去科学性。

四是环境与条件。城市发展战略规划在一定意义上讲是来自对付环境变化与随机因素干扰而制定的。环境如国内和国际环境如何,条件如随机、因果、目的条件如何,都在影响着规划系统目标的选择。因此,在选择城市规划目标时,要把环境与条件都考虑进去。规划系统目标不留有余地,就会失去科学性。

五是定性与定量。为了使城市规划系统的选择更趋于科学性,依据整体优化原则,做好多方案的分析和比较。这种分析与比较应是定性与定量相结合的系统分析与系统的比较。定性是指规划系统目标中一些带方向性的构想;定量是指依据现代科学原理对城市系统所具有的非平衡、非线性、随机性、概率性、模糊性、突变性等现象作出近似描述,从而使规划系统建立在科学的基础上。

第三,制定城市规划发展系统程序与方法的科学性。城市发展规划系统的制定过程,就是城市系统整体现状与未来目标之间的结构质变与层次转化的关键,以及对解决这些关键问题的对策进行研究的过程。在研究过程中,本身就有一个系统程序的科学性与方法的科学性。要想实现程序与方法的科学性,就必须经过资料的收集过程、研究分析过程、战略目标的决策过程、目标的分析过程、行动方案的制定等不同层次的过程。这些过程的集合,就形成了制定城市发展规划系统程序与方法的科学性。

关于资料的收集过程。资料收集的充分性就为研究分析过程、战略目标的决策过程和行动方案的制定提供了依据前提。因此,在收集资料过程中,要注意系统性、全面性、完整性。也就是讲我们不仅应当收集到城市系统本身的地理环境、历史发展、资源条件、现状特点等方面的资料;而且也应该收集国家级、省区级,以及毗邻地区的经济、技术、社会发展的长远规划和有关政策方面的资料;还应当收集世界级同类城市的先进的经济、技术、社会发展方面的资料。这就构成了世界级——国家、省区级——本身级不同层次资料系统,为研究分析提供了全方位的服务。资料收集的充分性本身就具有资料的来源渠道、可靠性程度、初步类比筛选等细节过程,这里就有一个资料收集过程程序与方法的科学性问题。只有资料收集基础工作做充分了,就为整个系统研究过程的科学性打下了坚实的基础。

关于研究分析过程。在对有关资料研究分析的基础上,要紧紧把握与城市发展相关因素及其发展规律,并对其未来做定性与定量相结合,自然科学与社会科学相结合,线性与非线性相结合,平衡与非平衡相结合等研究分析,对城市的未来进行预测,并作出相应的模型。在这里有三个方面的问题应当指出：一是城市未来的模式不是唯一的。这是由于相关因素的重复性、相关关系的复杂性、发展方向的多趋势性，就要求对未来预测做多种模型演示与推导，进行优化选择。二是未来模型的决定只是相对的。在研究城市目标过程中，整体优化目标是我们不懈的环境价值追求，但在实际发展过程中，因国际环境、国内条件、本身规律发展变化的原因，随机性因素、非线性与非平衡性因素的增长，很可能使城市系统整体发生各种可能的突变。未来模型的确立只是相对的，稳定中要注意合理的多变性，并在实践中，进行现实与现状的研究分析，这更有实践的价值。三是手段的科学性。对现代城市系统的整体研究，在尽可能的条件下，要使用微电脑、计算机进行各种模型的推演；同时要组织不同层次的专家与顾问，进行分析研究。这里要特别注意把本市不同行业的专家学者，不同条条块块的领导管理者组织进来，共同分析，有助于规划系统的完整性、科学性与实践性。

关于目标决策过程。在对城市系统整体研究的基础上，对不同的方案进行多方面的比较，并做好不同方案的拟定和选择。城市规划系统的决策过程与一般的决策过程没有多大的区别，但是由于城市系统的复杂性、因素的多变性、目标的不确定性，这就更需要对目标的决策要具有创新性。这种决策过程上的创新，是在理论与实践上的创新，是规划目标系统在整个城市的各条战线的劳动者接受的前提下，由城市领导者、管理者变成城市系统整体的目标，并为之进行创新性的劳动。也就是说，再好的目标决策，不被人们所认识，不被人们去实践，目标决策也就失去其实践价值。

关于目标的分解与行动方案的制定过程。这个过程，主要是把战略目标的实现在时空上加以不同阶段、不同规模层次、不同技术经济指标上的划分，并为战略目标的实现制定出切实可行的政策和措施方案。它包括城市系统整体内部各个分系统的发展战略、发展重点、发展对策，例如城市系统的经济、科技、文化、人口、基础设施等方面的发展战略。这就要求把城市系统整体的战略目标分解并落实到各个分系统、子系统、微系统等实践过程中去，变成实际行动。这就使战略规划目标落到了实处，使其有了生命力，并通过全市目标调控，使战略规划沿正确的方向发展，以求整体效益的科学性。

关于研究制定城市发展规划系统的方法论问题,在本书的第一、二章都有专述,这里不再累赘,核心的问题是要采取系统辩证的思维方式来研究现代城市的规划、建设管理和改革。战略——规划——系统是一个系统整体,属于一个完整系统链范畴,它具体包括资料收集←→分析研究←→目标决策←→目标管理←→信息调控←→运输编制等程序,并循环往复,使规划系统整体沿科学的方向运转。在这个运转过程中,城市是个社会系统整体,城市的领导者和管理者是这个系统的"社会核",它对城市系统整体未来发展目标、实施政策和具体措施的决策具有主要的责任。而各类专业研究人员应在战略目标、行动方案、政策措施的拟定和可行性论证中充分发挥智囊作用,使整个规划系统相对保证它的系统整体性、科学性和高效性。同时,要坚持从相应的群众层次中来,到相应的群众层次中去的领导方法,鼓励群众对政府确立的战略规划目标和政策措施发表各自的意见,按层次结构进行归纳,对其合理部分予以采纳。这样就把政府领导管理者、专家学者、人民群众有机结合起来,制定出合理、科学的城市发展规划系统。

三、城市规划系统问题的普遍性

现代城市规划系统问题的普遍性,是指在研究制定现代城市规划系统过程中普遍存在的问题。这些问题主要有:发展战略的整体性与条块分割的分散性之间的关系、发展战略的制定与建设管理的实施之间的关系、全国性总体发展战略与地区性发展战略之间的关系、发展战略与城市改革之间的关系、发展战略研究工作的复杂性与研究人员素质低之间的关系等问题。这些问题带有一定的普遍性,须进行必要的研究与分析,提出对策,有助于现代城市规划系统更趋于科学性。

不同的城市具有不同的特点。也就是说,任何一个现代城市都具有自身的优势,也都有自身的劣势。例如有的城市地理位置优越,能源、矿产、农牧资源丰富,交通便利,金融发达,科技力量强,工业基础比较雄厚,具有明显的经济发展优势和足够的自我开发能力。然而由于管理体制不顺,中央、省区、市属企业条块分隔,产业结构不合理,轻重比例失调,服务与信息产业落后,现代城市的综合经济优势难以充分发挥,投入多、产出少、效率低。在中心城市中,都有优势,但优势不尽相同;都有劣势,但劣势都有相同之处。

如何实现现代城市系统整体优化,完善中心城市结构,综合发挥其功能,为全国和地域经济社会服务,这是研究制定城市规划系统的出发点和落脚点。因城市的各种因素不同,尤其是产业结构不一,这就决定了不同城市的不同性质,不同性质的城市系统就应制定出符合本市特点的经济技术发展战略。在这里应紧紧把握主体产业的主体地位和主导作用。同时,积极寻找主体产业与其他产业,尤其是应发展而没有发展起来的产业之间的接合部及中间环节。这个接合部既能保证主体产业的主体地位和主导作用,又能把理应发展的产业带动起来,形成城市系统产业结构的合理配置,实现城市整体优化原则。在这里"内改外引"具有普遍性。内改是指城市系统整体进行经济体制与政治体制配套改革,运用新技术、新成果对传统产业进行技术改造。外引是指开拓两个市场,积极稳妥地引进国内外的技术、设备、人才和资金,把新投入量变为现存量的催化剂,使城市整体经济、社会、生态的综合效益发挥出来。城市系统发展战略的研究与制定,要从城市的主体产业结构着手研究,寻找与落后产业结构之间的接合部,这是完善中心城市结构,充分发挥其功能,实现城市整体效益的中间层次及关键所在。同时,把以下在城市系统战略规划研究中存在的几个关系处理好,具有十分重要的意义。

第一,发展战略的整体性与条块分割的分散性之间的关系。整体性与分散性是城市系统战略规划研究一开始就遇到的问题。这个关系处理不好,城市经济技术社会发展战略就难以进行,中心城市的整体优化就无从谈起。为解决这两者之间的关系,在组织城市经济技术社会发展战略研究班子过程中,实行市政府统一领导,统一组织,统一行动。组建"城市地区经济技术社会发展战略研究委员会",制定章程,明确市长为主任委员,副主任委员由中央、省区属大企事业领导组成,委员由各部、委、办,行业局和公司领导参加。这就从组织上,把条块结合在一起,共商城市整体发展战略。"委员会"下设"城市经济技术发展研究中心"(下称"中心"),为其常设研究机构,它的主要任务:一是组织并负责发展战略研究和规划的制定;二是协调中央、省区、市属"三大块"之间的发展;三是为市政府及"委员会"做好决策参谋工作。"委员会"虽然是一种松散的联合体,但却成为制定发展战略的有利组织保证。在行动上,从搜集、整理、汇编背景资料,到发展战略的研究和制定,都由市长牵头,"中心"具体组织协调,中央、省区属企业和市属各部门领导同研究人员一起参加。这样做不仅工作协调,效率高,而且通过规划系统的研究制定,把中央、省区属企事业的中长期发展规划纳入城市地方发展战略中。这就可以充分发挥大企业、科研院所、大专院校的经济、科技和人才优势,以带动城市整体优化的发展,把分散型的条块分割有机地结合起来,形成城市的系统整体。

第二,发展战略的制定与建设管理的实施之间的关系。规划系统的制定是建筑在实践基础之上,而又反作用于城市的研究、建设、管理和改革。再好的发展战略和规划必须要同城市建设与管理相结合,并从行政上、经济上、法律上采取有力措施,从根本上保证规划系统的实施。对于城市经济技术社会发展战略纲要提交市党代会、市人代会充分讨论、修改通过,列入地方法规,以法律的形式保证规划系统的权威性和实施的连续性。应坚持规划系统的科学性、权威性、实践性的三者统一。在目前我国行政管理还不完善的情况下,某些领导者各人说了算和新官上任"三把火"的现象还时有发生。即使再科学的发展战略,没有必要的法律手段和行政手段作保证,也是难以实施的。同时要把战略纲要、规划、计划有层次、有秩序结合起来,层层相续,环环相扣,有机联结,滚动实施。

第三,全国性总体发展战略与城市发展战略之间的关系。全国性发展战略是制定城市发展战略的依据,城市发展战略是全国性发展战略的补充和延伸。为了正确处理好两者之间的关系,城市发展战略研究者在坚持以自我研究为主的同时,邀请国家级和省区级的研究部门的学者、专家一起帮助地方进行发展战略规划的研究与制定。这样做就会使全国性总体发展战略与城市发展战略有机结合起来,防止了断层的出现。制定城市规划系统的过程,要具有站在具体城市想到全省区、想到全国、想到全世界的眼光;同样也是把国际、国内信息引入的好机会,也是具体城市开放搞活的一条途径。经过学者专家联合研究、制定的城市规划系统,既贯彻了全国、全省区总体战略规划的要求,又突出了具体城市规划系统的特点。研究制定城市规划系统,还要高度重视城市与毗邻地区的协调工作,积极发展研究方面的横向联合,定期召开区域战略研讨会和经济技术社会协作会,以协调区域发展战略的研究工作,并建立多种信息资料交换渠道,使区域性战略研究有一个协调和谐发展的环境。使城市战略——规划——计划的发展形成一定的区域气候,同时也增强了中心城市的吸引能力和辐射能力。

第四,发展战略与城市改革的关系。发展战略的研究是在我国改革中产生的一门新学科,城市改革与发展战略研究相互促进,有密切的内在关系。在我国,就某种意义来讲,城市规划系统本身就是一种改革,没有改革,就没有城市战略研究的热潮。市政府要十分注意协调发展战略与城市改革两者之间的关系,并由市长领导发展战略研究委员会和体制改革委员会两个组织,使改革总体规划与发展战略紧密配合,保证统一行动,从研究内容上注意贯穿一致。城市总体战略所确立的指导思想和基本方针,不仅为城市建设与管理提出了方向和任务,而且也为城市经济与政治改革指出了方向和任务,从而使改革与战略研究工作做到了有机结合,同步前进。

第五,发展战略研究工作的复杂性与研究人员素质低的关系。这个问题在落后地区是一个尤其突出的问题,人员的数量和质量远远满足不了发展战略研究工作的要求。凡这种地区的城市,应采取这样的对策:一是把内向型研究与外向型研究结合起来,变封闭型研究为开放型研究,采取走出去,请进来的办法,把先进城市这方面的专家、学者、研究人员邀请进来共同研究,不仅保证了战略研究的质量,而且丰富了研究人员的知识,开阔了视野,提高了素质;二是重视对研究人员的选拔和培养,举办不同级别的培训班、函授班,邀请全国和省区的专家学者讲学,树立系统辩证思想方法;三是注意把研究人员的个人专长同集体智慧结合起来,把专业研究与群众性研究结合起来,形成一个战略研究的群体结构,以百家之长补专业研究之短。

总之,把以上诸关系系统地协调好,使城市规划系统的研究工作在差异协同中发挥整体大于部分之和的效应,使城市发展战略和规划更趋向于科学性、权威性和实践性。

第四章　城市系统建设

现代城市是一个开放型的综合系统。由于当代新技术革命的蓬勃发展,在商品经济和社会化大生产的推动下,随着产业结构的不断调整和变化,使城市自身的结构日趋复杂化,并在国际产业革命和新技术革命的影响下,逐步发展成为具有多种功能和产生各种效益的能量集聚体。它以物流、人流、信息流等形式同城市周围的一定区域进行能量交换,在区域经济和整个国民经济的发展过程中,起着十分重要的作用。

现代城市在区域经济和国民经济发展中的重要地位和作用,给城市建设提出了新的要求和课题。这就是,现代城市应该在系统辩证思维的指导下,从系统整体出发进行系统建设,以达到系统整体要素的协调发展和合理配置。它同规划的制定一样,必须纳入思维科学化、管理现代化和法制化的轨道。

城市系统建设,是指城市建设要在系统科学思维的基础上,必须做到系统化和规范化。所谓系统化,是指在思维方法上要把城市建设作为一个系统整体来看待,并且用辩证的观点来正确调节和处理各种系统要素的变量关系。在这一系统和变量关系中,既包括城市经济建设和与之相配套的各种公用基础设施的建设,为城市经济的发展和人民物质与文化生活的需要提供必要的设施和条件,同时更为重要的是还包括精神文明的建设。即通过多种形式,对人的思想品德、道德情操、行为规范进行系统教育和指导。这样通过系统建设,使现代城市在整体规划的基础上把物质文明与精神文明的建设有机地结合起来,形成一种系统整体的功能和作用。所谓规范化,是指城市的物质文明和精神文明的建设,应该协调一致地通过系统分析和研究,按照一定的要求和程序运行。为了达到这个目的,我们必须改变那种传统的思维方法,科学的确定城市建设的内涵,运用系统辩证思维来分析和研究城市的系统建设,使现代城市的建设建立在科学的系统思想之上。

第一节　现代城市建设是规划的实施过程

现代城市是个要素众多、结构复杂的系统。在这个系统中,根据不同结构、功能和层次,可以分解为若干个分系统和子系统。这些分系统和子系统在城市地域和空间范围内,以一定的能量分布组合形成一个相互联系、相互作用,不间断的作用于外部环境的系统整体。并以一定的结构组合排列形成城市有机发展的整体模式。

在城市整体结构模式的形成过程中,城市空间组织系统发挥着十分重要的组织和指导作用。它是组织和调节城市系统结构、整体模式设计和物质实体建设过程的相互连接的实施体系。这个实施体系,一方面从总体上反映城市区域内经济、社会、环境以及一切物质实体在城市空间形式的普遍联系;另一方面又从整体上反映了城市系统结构功能的形成和发展过程。这个空间组织系统主要由城市规划、城市建设和城市管理等形成。其中,城市建设与城市规划有着渊源关系,是两个相互连接的城市发展的系统要素,城市建设是城市规划的具体实施过程。

现代城市建设,必须建立在一种科学的系统思维的基础之上,充分认识系统要素的相互联系和作用。从系统思维出发,现代城市建设,必须有一个科学的系统的总体规划。这个系统规划是经过广泛的调查研究,多学科的严密论证,探索和研究城市的未来发展,根据城市的性质和规模,探索和研究城市的合理布局,安排城市各项作业工程建设,方便生产、方便生活的长期计划。也是一定时期内城市发展的蓝图,具有严格的法律地位和高度的权威性。城市建设就是要通过具体实施,维护规划的权威性,逐步实现规划制定的各种目标。

一、城市建设系统和规划系统的相关性

系统辩证思维认为,普遍联系是一切系统发展过程中的客观属性。这种普遍联系的属性包括系统与系统之间、系统要素之间,系统整体与系统要素之间的相互联系。所谓相关性,是指事物或系统之间的相互连接或相互作用。孤立的系统,不同外界发生作用的系统,在物质世界中是不存在的。

由于现代城市是一个由多种要素组合而成的系统整体,因此,作为组成城市空间组织系统的城市系统规划、系统建设并不是孤立地去完成各自的任务,或者割断相互之间的必然联系,形成一种简单的部门职能的相加,而是要从系统整体目标出发,加强系统要素之间的相互衔接,即相互配合、相互作用、相互制约、相互渗透,从而达到城市空间布局的优化配置,使城市系统功能得到有效发挥。

现代城市具有开放性和动态性的特点。它根据自己的功能和作用,不断地输出能量,同时又不断地吸收能量。而吸收能量的目的是为了更好地输出能量。这种频繁的能量之间的交换不断调节着城市系统结构,转换着城市的系统功能。要发挥城市系统的这种功能转换作用,即利用城市的商品经济和商品生产相对发达,人才和资金的相对集中,易于吸收技术革命和现代科学发展的最新成果,积极发展知识和技术密集型产业的特点,增加或扩大城市系统的能量输出就要发展城市建设。通过城市建设,有计划、有目的、按比例的完善城市内部的各项公共基础设施的建设,为城市的开放和发展,创造必要的物质条件。

但是,也必须看到,由于城市本身是个系统整体,各种组合要素尽管比较复杂,但总是按照一定的规律和结构连接方式,相互作用和相互制约。因此,城市建设既不能盲目地进行,也不能无组织的进行。尤其是现代城市的建设,不仅关系到城市发展过程中总体经济效益的集聚,而且也关系到社会效益和生态环境效益,它同城市的经济建设和发展,同城市居民的工作和生活息息相关。所以,必须依据一定城市整体规划进行严格的控制,否则就会

形成城市建设中的无政府状态，造成空间布局的战略紊乱，浪费大量人力、物力和财力。这是城市建设必须遵循的一条基本原则，也是对城市建设进行系统思维的前提。

从空间组织系统优化配合角度来考虑，城市规划是城市建设的基础。由于城市具有一定的空间区域限制，它受资源、自然地理条件、历史发展状况等方面的局限和影响，必然从实际出发，按照客观规律的要求，对城市区域范围内的人口因素、土地利用、产业设置、交通运输、道路安排、城区绿化、美化、环境保护、改造和城郊农业发展进行统一安排，形成一个符合实际的切实可行的系统科学的总体规划，为城市的未来发展描绘出这一幅蓝图，并分步加以实施。例如，人口集中是城市的一大特点，人口集中会带来许多问题。城市必须在控制人口机械增长的同时，应该运用科学的测算方法，定量化的根据城市人口的自然增长、机械增长以及人口因素中的年龄构成、劳动构成等多种因素，正确地确定城市发展的规模，并以此为出发点，统筹安排和考虑各种设施的建设，包括经济发展建设。可以说，城市规划是城市建设的超前管理。城市规划和城市建设是城市系统中联系十分紧密的两个系统要素和环节。城市规划的任务在于确定城市发展的性质、规模和建设速度，保护城市的生态环境，总揽全局，统筹安排，合理解决生产性项目、行政性项目、文化教育和科技发展性项目、生活服务性项目、市政工程和公用事业性项目的空间布局。现代城市的建设，首先应当从规划做起，而不应该不经系统规划就进行建设。俗话说，没有规矩、不成方圆。规矩就是客观事物的发展规律，就是事物发展过程中应当遵循的有序性和系统性。因此，从城市空间组织系统来讲，我们说城市规划是城市建设的基础。

城市规划仅仅停留在纸上就失去了存在的意义，它还需要把蓝图逐步变为现实，这就形成了规划的具体实施过程——城市建设。城市规划和城市建设的内容尽管不同，但相互之间有不可分割性，它们共同构成了城市空间组织的两个环节。城市建设就是依据城市规划制定的发展蓝图，根据城市提供的人力、物力、财力等条件，有计划地进行各种项目的勘察、设计和施工，并保证工程的质量和进度，减少不必要的浪费，用较少的投入取得较好的经济和社会效果。与此同时,我们还从系统整体思维出发,赋予城市建设的另一项新的内容,城市精神文明的建设。它同城市物质文明建设一起构成了城市系统建设的总体思维。所以我们可以说,城市建设是城市规划的继续和发展。

相关性是系统要素的重要特征。我们在进行城市系统建设时,必须紧紧抓住这种系统要素的特征,充分认识它同规划的相互作用,才能使城市建设在系统思维的科学轨道上发展,以适应现代城市的发展和需要。

二、城市建设系统目的性

任何系统都有目的。目的性是系统整体和系统要素重要的特点之一。系统辩证思维认为,任何系统的运动和发展变化,都有着各自的目的。因此,我们在分析和研究任何一个系统的时候,都要了解和把握它所趋向和追求的目标,并且采取相应的手段和方法,促使其目标的实现。

城市建设的目的,简而言之,就是要有计划、有步骤地实现城市规划的目标。由于城市是一个综合性的系统整体,它具有复杂的结构要素和多种功能与作用,因此,城市建设的目的具有多元性、系统性,它并不是单一的,这是由现代城市的性质和特点所决定的。城市建设目的的这种多元性、系统性主要表现在:

(一)城市建设系统的目的在于完善城市自我服务功能,为城市人民提供方便舒适的物质文化生活环境

现代城市是人群集中聚居的地方。由于人的需求的多元性,这种人群聚居要求必须具有与之相配套的各种基础和服务设施。因此,城市建设的一个重要目的就是要为城市人民逐步创造合理的、良好的、舒适的生活条件和劳动条件。科学地解决"骨头"和"肉"的关系。但是在这个问题上,过去由于受"左"的思想影响,在城市建设指导思想上,只重视生产性建设项目的投资,而忽视了与人民物质文化生活相关的一些城市基础和服务设施的建设,造成城市自我服务功能比较差,人民物质文化生活诸多不便的局面。

就拿包头市的情况来看,解放40多年来,用于生产性项目的投资占总投资的80%以上,而用于非生产性建设资金只占总投资的19.12%,造成城市建设中的"骨头"与"肉"的比例严重失调。道路密度很低,公共运输十分落后,公共汽车与自行车的结构化,在1990年上海为27:23,北京为43:57,包头却高达1:99,每当上班高峰时,有的路口自行车流量为22194辆,汽车为1062辆,有时造成严重的交通堵塞。通讯能力也极为低下,矿区和一些农牧旗县至今仍然使用早旦被淘汰的磁石交换机,与西北、西南、东北、中南等城市均无直播长途电话。165万人口的城市,市内只有7条长途电话线路,打电话难,打长途电话更难的局面不仅给人民生活造成很大的困难,而且也给该市经济的发展造成了很大的影响。此外城市的供水、供热、供气能力与需求矛盾十分突出。城市集中供热只占住宅面积的17.1%,许多工厂的余热没有得到充分利用,造成了能源的极大浪费。所有这些,给城市人民的生活带来许多困难,到1994年这方面的情况有了很大的改善。类似这种情况,在全国许多城市程度不同地存在着。因此,给城市功能的发挥带来极大的影响。

城市建设的目的在于为城市人民提供一个良好的生活和工作环境。城市的居民不仅包括劳动者,而且还包括他们所抚养的家属。劳动者在城市的全部生活时间比他们劳动时间要长得多。他们需要有一个十分舒适、方便的生活和工作环境,得到精神和情趣上的满足。因此,完善城市的各种自我服务功能,包括道路、交通、上下水、供电、供暖、煤气等等,保证劳动者及其家属有良好的生活条件,是劳动力再生产所必需的。所以,城市建设的目的,就是要根据财力和物力状况保证为全体城市居民有计划地提供必要的住宅、公园、公共交通、公共生活服务设施、文化教育设施、医疗设施等生存资料和发展资料,并根据城市的自然地理和气候条件不断绿化和美化城市环境。城市建设要切切实实解决好"骨头"与"肉"的关系。社会主义城市建设如果不能够为人民提供方便舒适的物质文化生活环境,清洁、优美的劳动环境和条件,没有完善的自我服务功能,就没有达到社会主义城市建设的目的。

（二）城市建设系统的目的还在于发展城市的区域性服务功能，充分发挥城市在经济区域中心吸引协调和辐射作用

《中共中央关于经济体制改革的决定》指出："实行政企职责分开以后，要充分发挥城市中心作用，逐步形成以城市特别是大中城市为依托的，不同规模的，开放式、网络型的经济区"。城市建设的目的，除完善城市的自我服务功能以外，必须遵循"决定"的这一精神，根据城市的不同性质和特点，利用城市集聚效益的功能和作用，通过系统建设，形成较强的能量输出态势，发挥其区域性服务功能，并逐步形成以城市为中心的开放型经济网络，推动区域性的经济发展。

城市是网络型经济发展的连接点。我国的许多城市特别是一些大城市，由于多年的建设形成了雄厚的物质基础和强大的生产能力。它们在商品经济的发展过程中，形成了十分广泛的经济联系，在商品流通和对外贸易活动中发挥着十分重要的功能和作用。在城市内部，聚集一定数量的、在多种经济成分中居于领导地位的国营企业和经济组织，这些国营企业和经济组织是按照社会化生产发展的要求和城市运行的固有规律组织起来的。其中相当一些企业具有很强的基础设备力量，科技人才集中，形成了一整套严格的管理和经济制度，对新技术、新工艺有较强的吸收和消化能力，是城市经济发展的主要支柱。它反映了我国经济发展的水平和方向，在很大程度上决定着社会主义现代化建设的进程和城市经济的发展速度。这种效益的高度集聚使大中城市形成了很强的吸引力和辐射力。中小城市的吸引力和辐射力尽管有别于大城市，但它也具有自身的特点和优势，有很强的发展潜力，并且已经或正在对周围经济区域形成了一定的影响和辐射作用。城市建设的目的，就是使大中小城市按照各自的功能和特点增强对外即环境的作用和功能，进而推动我国整个经济的发展。

（三）城市建设系统的目的在于集聚效益

城市建设的目的在于集聚效益。这是现代城市的功能和作用决定的。一般来讲，我国的工业企业绝大多数都集中在城市，城市就是在这种商品生产的基础上逐步发展起来的。尽管城市之间的性质和种类不同，但具体来

讲,我国财政收入的主要来源是城市经济。因此城市建设的目的首先在于集聚经济效益。经济效益的集聚,一方面为城市自身建设的发展提供必要的资金,同时又为国家的具体建设提供资金来源。这是推进"四化"建设的主要因素之一。其次,通过城市建设,可以集聚社会效益。在城市建设中,通过完善各种社会公共福利设施,满足城市居民物质和文化生活的需要,可以不断地提高城市人口质量,发挥劳动者的积极性和创造性,使他们有良好的接受教育的机会和条件,树立高尚的情趣和思想风貌。第三,城市建设还可以集聚环境效益,使城市各项事业的发展有一个良好的自然生态环境。比如在城市地域内通过种树、种草、种花,扩大地表空间的保护植被,并以各具特色的建筑与之相媲形成城市自然与社会环境协调的美,从而起到陶冶人们情操的作用。此外,由于城市工业集中,每时每刻都在消费着自然资源,又不断地以其"排泄物"破坏着城市自然生态与社会环境的相对稳定平衡,因此,改变环境,提高环境效益,日益成为城市建设的目的和内容之一。

总之,城市建设的目的是系统的,多元化的。城市建设应当和它的系统目的性有机地结合起来,这样才能使城市建设有一个明确目标。

三、城市建设与环境保护

城市建设离不开空间环境。城市是社会发展过程中的产物,由于城市的自然位置不同,区域范围内的资源状况不同,因此,在城市的建设过程中,必然也形成不同的性质和发展的侧重点。但是,不管什么类型和性质的城市都要在城市建设的过程中,搞好城市和周围区域的环境保护。

城市建设是一个广义的概念。它不仅包括城市的经济建设,也包括城市的市政建设,这两种建设必然要与城市生态环境发生作用,尤其是经济建设。人类社会的自然再生产和经济再生产,是人类同自然环境中的物质、能量不断转换、循环的结果。但是自然环境为人类提供资源和容纳人类排放的废弃物的能力是有一定限度的,如果人类对自然环境的索取和排放超出了自然环境的负荷,就必然要破坏生态平衡,使人类的生存条件受到影响。

现代城市,由于人口相对集中和工业高度发达,加之有些城市建设中基础设施不配套,只重建设,不重环境,建设和环境不同步进行,因而空间环境受到严重污染,使许多城市深受其害,不仅给城市经济的发展带来影响,而且给城市居民的身体健康带来严重危害,这种状况还有不断扩展之势。因此,在发展城市经济的过程中,我们必须从系统思维出发,把城市建设与环境保护有机地结合起来,通过多种控制手段,维护资源的合理开发,严格执行环境保护制度和积极治理水源、空气、土壤等污染,科学地安排好城市内部的产业结构,使其在空间区域内得到合理的布局,并与生活设施和其他公共基础设施保持恰当的比例关系,在城市建设中严格抓好对污染源和"三废"的治理,从而为城市人民创造一个清洁、安静、舒适的工作和生活环境,这不仅是城市建设,也是城市整体优化的重要目的和内容之一。

第二节　城市建设的内容、原则和结构

城市建设和城市规划一样,也是一个系统发展过程。城市建设有相应的特定内容。这些内容是依据一定的原则来确定的,它们相互作用,相互渗透,形成一个相互连接的系统链,同时,又以一定的结构状态形成一种空间组织形式。

一、城市建设的内容

城市建设是一个由多种要素组合而成的系统。从总体上来讲,城市建设包括三大要素:一是城市精神文明的建设;二是城市物质文明的建设;三是社会主义民主与法制的建设。这三大要素的组合形成城市系统建设的广义概念。精神文明的建设和社会主义民主与法制建设,尽管其内容和结构形式与物质文明的建设有着很大的区别,但它是城市建设不可缺少的重要内容。把三种建设纳入城市建设,有利于从时间和空间中统一研究和考虑

城市建设,有利于三种建设一起抓,从物质、思想和法制上统筹考虑有利于从系统整体性上推进城市建设的发展。

(一)城市的精神文明和民主法制建设系统

精神文明是和物质文明相对应的一个概念。它是指人类智慧和思想、道德等的进步状态,是精神生活和精神生活发展的结果,它表现为教育、科学文化知识的发达程度和人们思想、政治、道德水平的提高。精神文明建设就是指通过多种途径,对人们的思想、品德、行为进行系统教育,以提高他们的思想觉悟和道德水准,做遵纪守法、奋发向上、情趣高尚的公民。

精神文明与物质文明有着不可分割的关系,历史唯物主义肯定物质文明是整个社会主义文明发展的基础,这无疑是完全正确的。因此,在两个文明的建设中,突出经济建设,把经济建设作为中心来抓,体现了这种马克思主义的科学态度。但是,这并不意味着可以否定或者削弱精神文明建设的重要性。社会主义制度为精神文明的建设创造了良好的社会环境。精神文明的建设对物质文明的建设不但起着巨大的推动作用,而且保证它的正确发展方向,两种建设互为条件,互为目的。

第一,要在城市人民中广泛进行爱国主义教育、集体主义教育和社会主义教育。社会主义国家的人民群众,应当有高尚的情操和精神支柱,丧失高尚的精神支柱,就不可能推动精神文明的建设。当前,有些地方和部门由于放松了精神文明的建设,因而导致一些人缺乏爱国主义、集体主义和社会主义的思想和风貌,一切向"钱"看,对这种思想倾向必须进行认真而有成效的教育,逐步形成一种良好的社会风气。党的组织、共青团组织、工会以及其他群众组织,应当协调配合,采取多种有效措施,扎扎实实抓好这方面的工作。

第二,精神文明建设必须有可靠的组织保证。党的组织、行政组织、共青团、工会以及其他群众组织都应当依据自己的工作特点,发挥群体力量积极抓好精神文明建设,做到分工合作,在总体目标一致的前提下,各有侧重,相互配合。按照系统思维的原则和方法,不断加强精神文明的建设和社会主义民主与法制建设,在有条件的地方,可以采取党政合一的组织形式。所谓党政合一,不是说把党的工作和行政工作合在一起,而是指担任行政职务的领导干部,如市长、区长、经理、厂长等,可同时兼任党内职务,如市委书记、区委书记、党委书记、支部书记。这样做的好处是:为领导干部协调党政工作提供一个系统思维、系统分析、系统研究的客观条件,统筹安排党的工作和行政工作,及时协调工作中出现的问题,提高工作效率,真正做到统一领导、统一指挥和相互配合。当然,这样做的结果可能出现以政代党或党政不分的现象,但关键是要在统一指挥的前提下,使党、政有各自的工作系统和结构组织,这样就完全可以避免可能出现的这些问题。

第三,要开展经常性的民主法制建设和宣传教育,使城市人民树立良好的道德风尚,这是精神文明建设和民主法制建设的重要内容。

现代城市是一个按照一定组织形式组合起来的有序的系统整体。这种整体的有序性,一方面要有严密的组织结构发挥协调作用,另一方面又要有系统的法律和行政保证的体系,使人们按照一定的准则来约束自己的行动,使社会在系统有序的状态下运行。在这个系统整体的运行过程中,为调节组织之间、组织与个人、个人与个人之间的关系,就必然要制定相应的法律和道德规范,形成人们约束自己的行为,正确处理各种关系的依据。使整个城市在一种系统有序的规范化的环境中进行运转。所以,这就要求我们在精神文明建设中,必须一方面完善法制建设,一方面进行广泛深入的经常性的法制教育,提倡和发扬社会主义的道德风尚。用法制观念和良好的道德观念来规范人们的行为,这样做的结果不仅可以有效地保证社会秩序的稳定,科学而有秩序地处理和调节各种社会关系,使整个城市在一种和谐有序的环境中运行。而且可以使人与人之间树立一种新型的关系,有助于整个社会风气的好转,建立一种互助合作,遵纪守法,讲求职业和社会道德的良好风气。

第四,精神文明的建设,必须有相应物质保证。精神文明和民主法制建设不能单纯只理解为进行思想方面的教育,还应当从文化教育、娱乐、体育等各个方面进行广泛系统的教育和活动,有的则要寓教于乐。为了搞好这方面的教育和活动,就应该提供相应的物质保证。这些物质保证主要是在系统建设中,必须从系统整体出发,统筹考虑对城市人民提供各种接受教育的机会,并逐步建设和提供相应的教育设施。百年大计,教育为本。要进行精神文明和民主法制建设,必须提高城市居民的人口素质,特别是大城市居民的文化结构、知识结构和科学素质。文化知识结构不提高,精神文明和民主法制建设就缺乏坚实的基础。在这方面,除研究和制定长远的发展战略、规划之外,要在整个城市的建设中做到人口素质的提高和相应设施的建设配套进行。要依据城市的财力、物力、人力情况、有计划地抓好各种必要的教育设施配套建设。在基础教育方面,尤其要抓好配套教育,从贯彻九年制义务教育到高等教育,以及成人教育,对在职职工的各种经常性的教育,形成一个教育体系,并建立相应的配套设施体系。在逐步建设教育设施的同时,还要完善城市中心的各种文化、娱乐、体育等设施。精神文明和民主法制建设不仅同教育有着密切关系,同文化、娱乐、体育活动也有着十分紧密的联系。因此,在城市建设中,必须依据城市的人口结构和分配状况,建设相应的开展各种文化、娱乐、体育活动的场所。积极引导和组织城市居民和职工开展多种形式的文化、娱乐、体育等活动,用高尚的健康的情趣来教育和引导人们,树立良好的思想品德和高尚情操。当然在完善设施的同时,也必须同时加强管理。包括内容的管理和设施的管理。严格禁止那种不健康甚至污秽的内容进入文化、娱乐、活动之中,造成对人们精神生活的污染。

在城市环境建设上,要为人们提供一个优美、舒适、能够陶冶人们情操的良好自然环境和景观。在这方面由于历史的原因,我们城市的环境绿化美化水平跟世界发达国家相比,还存在很大差距。据 20 世纪 80 年代的统计,上海人均绿地不足半平方米,天津不足 1 平方米,北京不足 4 平方米,而美国的华盛顿为 40.8 平方米,苏联的莫斯科为 44.5 平方米。这种状况同我国进行四个现代化建设,加强城市精神文明建设的要求极不相称。因此,我们必须加强领导,统一指挥,严格要求,合理的建设城市园林,在种树、种草、种花等城市绿化方面有一个统筹安排。特别对统建的居民区,必须从地域和空间整体布局上充分考虑居民区的造林绿化等配套建设项目。这样,就可通过我们的积极努力,使城市居民生活在一个良好的生态环境之中,严格防止由于工业高度集中,工业垃圾、三废难以彻底治理,而给城市的生态环境稚城市居民的工作和生活带来严重影响。

总之,精神文明建设和社会主义民主法制建设是城市建设的重要内容之一。每一个城市工作者,特别是领导者都要特别注意,引起高度重视。在具体实施过程中,把它看作一个系统整体集合,既看到它的组成要素不仅包括思想、道德、法律等,也要看到物质要素和环境要素。既要抓好对广大职工的思想教育、道德和法制教育,也要抓好相应的配套设施的建设,把"软件"和"硬件"有机地结合起来,系统分析、系统研究、系统建设,才能使精神文明的建设沿着科学、健康的轨道发展。

(二)城市的物质文明建设系统

物质文明建设是城市建设的重要内容。它是指人类物质生活条件的进步状态,是社会生产力发展水平的重要标志,也是人类在科学研究的基础上,积极发展物质生产的成果,主要表现为人们物质生产的进步状态和物质生活的改善程度。它是精神文明的基础。

同城市的精神文明建设一样,城市的物质文明建设也是一个系统整体,同时又是构成城市系统的一个要素。它本身作为一个系统,又由许多结构要素组成。一般来讲,不论城市的大小,它的结构要素和建设内容大体由以下几个方面组成:

1. 城市工业建设

工业是城市的命脉,是国民经济的主导部分,是城市经济同国民经济现代化的重要物质技术基础和集聚经济效益的主要来源。城市工业由一些不同的工业部门、不同的生产企业组合而成,它们不仅同城市内部,而且同城市外部环境有着十分广泛的密切联系。我国社会主义工业生产力主要集中于城市。因此,城市的工业建设发展如何,很大程度上成为制约整个城市经济发展的具有战略意义的重要问题,它直接关系到城市的整个经济建设和国民经济的发展。所以,城市工业建设是在城市物质文明建设中,起着主导作用的要素。

城市工业建设要做到系统发展,从完善其内容上讲,首先要做到所有制结构的合理化。在社会主义的初级阶段，由于整个社会的生产力发展水平比较低，要大力发展市场经济，尽快提高城市的生产力发展水平，推动城市工业建设不断向前发展，实现目的的高度集中计划经济模式向新的市场经济的模式的转换和过渡，实行多层次的所有制结构。其次，在城市工业建设中，要做到产业结构和产品结构的合理化和科学化。由于城市区域地理位置和自然条件的差异，加上各种发展条件的限制，给城市工业建设带来各种产业政策性因素。这就要求我们在发展城市工业建设的过程中，必须从实际出发，从国家对产业结构调整的整体要求出发，建立科学、合理的产业结构和产品结构。产业结构和产品结构科学化、合理化，一方面要建立在自然资源的、区域位置和经济发展历史所形成的自然形态上，另一方面还要综合考虑在一定时期内，工业建设中人力、物力、财力投入的可能条件，以及城市科学技术综合发展水平等等。总之，建立合理的产业结构和产品结构，尽可能发挥城市区域内的资源优势，经济优势，做到扬长避短，择优发展，是城市工业建设的重要内容之一。第三，在城市工业建设中，做到生产力的合理布局。各种不同的工业建设项目和企业，在总体布局上是否合理，不仅关系到城市的总体建设和以中心城市为依托区域经济的发展，也关系到建设效益以及企业效益、社会效益和环境效益。因此，在城市工业建设中，必须注意布局的整体安排，做到科学、合理，恰到好处，优化处置。

总之，工业建设是城市建设的重要内容。工业建设质量的高低，不仅关系到工业建设本身的科学性和合理性，也关系到整个城市的发展。所以，我们必须运用系统辩证思维的理论和方法，进行系统的科学分析和研究。

2. 市场建设

市场与城市的形成和发展有着历史的渊源关系。商品生产和商品交换必须有相应的市场。在现代城市的物质文明建设中，必须随着市场经济的发展，大力完善和发育市场体系，有计划地搞好城市市场软、硬件建设，这是关系到城市的商品流通的发展、关系到国民经济的发展，以及沟通城乡交流，改善与提高城市人民物质文化生活，加强城市与外部环境联系的重大问题。

在现代城市的市场建设中,首先要树立牢固的市场观念,充分认识市场的存在和发展是市场经济发展的产物。要发展社会主义经济不仅要有市场,而且要有发育完善的市场体系。这个市场体系,不仅包括商品市场,而且包括劳动力市场、技术市场、资金市场等等。只有建立完善的市场体系,才能够推动整个城市经济的发展。其次,要在城市地域和空间范围内,进行各种市场的合理布局,要按照人口的分布状况、道路交通的状况,合理安排市场的种类、发育程度,使城市居民有明显的方便感,同时,还要有利于商品的流通和交换。第三,要有系统配套的措施,包括市场发育体系和市场管理体系,以及相应的基本设施,使其成为有机结合的系统整体。

3. 城市公用设施建设

城市公用设施的建设内容,主要是指:城市供水、城市排水、城市供电、城市煤气、城市供暖、城市电讯、城市道路和城市交通等。

城市建设水平的高低,不仅仅表现在城市工业建设和发展水平上,还表现在城市各种公用设施是否配套和为工业的发展、人民生活提供方便条件。城市公用设施是发展城市经济、文化的基本条件,城市公用设施的建设状况如何,往往在很大程度上,直接反映了一个城市的建设管理和发展水平。这主要是由于城市的公用设施建设同城市的工业建设,城市人民的物质和文化生活,有着极为密切的联系。现代城市的发展,十分讲求效率,因而相应地对城市各种公用设施的建设提出很高的要求。因此,任何忽视城市公用设施建设的做法,不仅给城市人民生活带来许多困难,而且对城市的经济发展,城市同外部环境的各种联系带来诸多不便,从而影响整个城市的经济和社会的发展。所以,城市公用设施建设和配套的发展,可以大大增加城市的吸引力和辐射力,并为城市的不断发展提供良好的基础条件。

长期以来,在城市建设中由于受"左"的思想影响,相当一些城市在建设中只考虑工业建设,对于城市公用基础设施建设没有引起足够的重视,因此,不少城市公用设施极其落后,造成城市建设中公用设施比例的严重失调,城市中心道路、交通很不方便。特别是一些大中城市由于多年来投资比例不协调,造成公共交通落后,道路狭窄、乘车难、行车更难,道路少,车速低,交通堵塞严重等成为人们非常头痛而又一时难以解决的课题。城市供水紧张特别是居民生活用水紧张,已经给人民生活带来许多不便。由于工业的发展,加上管理不善,过度的地下水开发,给城市的发展带来了许多困难。至于排水的问题相当一些城市建设缺乏统筹考虑,只考虑地上建筑,不考虑城市排水,有的城市地段特别是旧城区,每到夏季由于缺乏排水管道,积水成河,不仅影响市容、市貌,也给人民生活带来很大困难。相当一些城市供电、供煤气、供暖有不少的问题。比如,城市的集中供暖问题一方面是能源的极大浪费,许多企业单位各自为政,特别是一些企业的生产余热没有得到利用,一方面是大多数居民生活取暖,自然烧煤,煤烟的大量排放形成了数以千万计的城市空间污染源。余热得不到利用,能源资源大多浪费,又严重污染了城市环境。在电讯方面,我们城市的建设状况就更加落后了,通讯设备陈旧、电话数量少、质量差,已经远远不能适应现代城市的发展和需要。据1989年统计,我国有的省会城市平均每百人只有2.2部电话。这种落后状况怎么能够适应信息社会的需要? 怎么能够提高工作效率,加快信息传递? 又怎么能够推动城市经济的发展? 从上面这些分析来看,我国城市建设中公用设施不配套,是大城市建设中应当系统分析和研究一个重大课题。造成这种落后状况的根本原因,除城市建设指导思想上受"左"的思想影响之外,也由于我们思维方式落后,没有从系统思维的角度出发,正确分析"骨头"与"肉"的关系,对系统要素的重要作用和要素之间的相互制约认识不清,看不到城市公用设施的建设对整个城市建设的促进作用,而是单纯把它当作一种"消费"来对待,这种观念必须从根本上得到扭转。

许多城市的建设实践证明,一个城市或一个地区的开发,首先必须搞好城市基础设施和各种居民生活服务中心的建设。城市各种经济活动的发展,必须与城市各项公用设施保持相应的比例。这种比例应当建立在系统分析、系统综合和量化研究的基础上。要在空间的配置上有合理的统筹安排,它是保证城市运转的重要条件。

4. 城市交通建设

现代城市是人们从事经济、政治、科学、文化和生活的空间。由于城市人口相对集中,整个城市在一种开放的动态文化之中,人们相互之间又存在着密切的联系和开展多种交往活动,而进行这种交往的良好条件就是城市交通。因此,在城市建设中交通建设状况如何,同样对城市系统的发展有着十分重要的意义。

交通使物质和人在空间发生位移,起着缩短空间距离和节约时间的作用,城市交通包括货运和客运两个组成部分。货运即通过交通而进行的物流,是把生产资料和各种产品送到生产单位的流通环节。客运指人流。即把劳动力送到固定的地点,当然也包括人口的其他活动方式。此外,工厂生产出来的产品又必须通过一定的运输手段运出去,经过流通渠道,实现产品价值。人们为了日常生活,需要到商店购买各种日用品,以及探亲访友、旅游都需要有四通八达的交通。所以城市交通是城市经济活动的动脉,是实现社会再生产的纽带。城市交通不发达,或者交通堵塞,都会给城市的发展带来严重困难。我国许多地区经济不发达,交通闭塞,人口素质低,最重要的原因之一,就是交通状况十分落后,物流、人流、信息流得不到及时流动,处在一种闭塞的封闭状态,这就极大地影响了这些地区的经济发展。世界上许多经济发达国家的实践表明,经济的发展必须以畅通的交通为体系。在现代城市的发展过程中,只有建设一个完善的、科学合理的交通运输系统,才能够促进城市企业大幅度提高劳动生产率,节约商品流通费用,降低成本,增加积累,同时极大的方便人民群众的物质和文化生活,从而加速四个现代化的建设。

5. 城市环境建设

环境是指以人为中心的所有一切客观事物的总和,一般来说,它是相对于人类而言的。城市环境建设是城市建设的重要内容,是由自然环境和社会环境这样两个要素组成。这两种环境的系统建设都会给城市的经济和社会发展带来很大影响。

现代城市建设,必须首先重视城市环境建设。城市环境建设是城市系统建设的基本要素。随着现代城市的发展,由于受物质生产的要求,各种资源的大量开发和利用,现代工业的高度集中,工业门类的不断增加,人口在城市有限空间中的密度越来越大。人们所依赖的自然环境,如空气、水源、土地、食物等都受到各种直接或间接的改变和严重影响。城市环境质量的改变和逐步恶化,不仅危害人体的健康,甚至危及人类的生存,严重的影响和阻碍了经济建设的发展。这样的例子在世界工业发展史中不断发生。1952 年 12 月,英国伦敦由于污染发生了空前的烟雾事件,造成了极为严重的惨痛后果,在较短的时间内先后 4000 多人丧生,以后三个月内又有 8000 多人相继死亡,这是世界上发生的由于工业污染而严重危及城市居民生命的众多事件之一。可见,环境污染对人类的危害何等之大。美国的第三大城市洛杉矶也曾经发生过光化学烟雾的严重污染,给城市空间造成极大危害,引起成千上万市民生病,而且持续十多年无法治疗,这些都是对人类的严重教训。我国的城市污染局面也相当严重。在大气污染方面,我国是世界上排放废气量最多的国家之一。许多城市烟雾弥漫,空气混浊,降尘量超过国家规定的标准。此外,水污染、城市废渣排放等也严重影响着城市的生态环境,特别是环境污染物除了以空气和水为媒介直接进入人体外,还可以通过食物链进入人体引起各种疾病,给城市人民的生命造成极大危害。这些事例足以说明,城市环境质量的下降,不仅不利于生产要素的保持,对城市经济活动产生危害,而且最终将导致人类社会经济活动的终止。

城市环境建设是一个系统。任何一个城市在进行城市环境建设时,必须从系统整体出发,运用系统辩证思维,系统分析城市的环境状态,工业结构和布局,人口分布状况,以及工业发展给城市空气、水源等带来的污染程度,从治理方法管理等方面进行系统研究,采取切实有效的措施,制定严格而有效的管理手段和措施,就一定能使城市的环境建设得到根本好转。

6. 城市住宅建设

住宅是非生产性固定资产,城市住宅建设是城市建设的重要组成部分。可以说,由于城市人口的高度集中,住宅就成为城市一切建筑中最多的建筑物,是城市建筑的主体。尤其是大、中城市,人口密度大,相对集中程度很高,因而住宅成为整个城市的建设主体。这种客观实际情况,要求城市住宅建设必须与经济和社会发展进程相一致,并随着经济的发展和人民物质文化生活水平的不断提高,不断提高城市住宅的建设水平。

城市住宅建设必须进行产业政策系统的科学研究。要充分认识住宅建设并不只是服务于人的生活的一种消费资料,而且也是社会生产发展赖以正常进行的物质条件;它是影响人们政治生活、调整社会关系和稳定群众情绪的重要物质条件;它既服务于人们的生活过程,又服务于社会生产过程;既作用于物质产品的生产,又作用于精神产品的生产。所以,我们必须十分重视城市住宅的建设,改变多年以来那种重生产、轻生活,破除在经济建设指导思想上的"左"的思想影响,为城市人民提供舒适宽敞的居住条件。

城市住宅建设,必须从系统整体出发,从资金、城市居民区的规划、各种设施的配套建设、建筑面积、建筑高度、建筑质量进行系统管理。为了使城市建设严格按照城市总体规划执行,城市住宅应该实行统一建设。统一建设好处很多,它可以改变那种不顾城市建设具体规划的要求,见缝插针、任意修建住宅,造成人力、物力、财力浪费的混乱局面,有利于城市土地的综合利用,有利于各种配套工程的统一考虑安排,有利于合理利用有限的财力、物力,从而达到城市系统整体的和谐统一。

7. 城市旧区的系统改造建设

在我国城市的发展过程中,由于历史的原因形成了大片旧城区。这些旧城区的一般特点是:道路交通很不方便,街巷狭窄,布局混乱,城市内的各种公用基础设施不配套,居民住宅陈旧,有相当一部分属于危险住房,严重缺少绿化场地,居民生活很不方便。旧城区的这种状况很不适应现代化城市发展的需要。因此,有计划地进行城市旧区的系统改造和建设,便成为城市建设中的一项不可忽略的内容。

对于城市旧城区的系统改造和建设应当从实际出发,按照加强维护、合理利用、适当调整、逐步改造的原则,在统一规划的基础上,按照城市可以提供的财力、物力和人力,采取多种途径和办法,进行有计划的改造和建设。改建的重点应当是那些房屋危险、市政公用设施十分简陋,环境污染又相对严重的地区。在财力、物力条件允许的城市,可以根据城市规划对旧城区实行连片改造建设。在改造建设中,要尽可能做到因地制宜、从实际出发,如在旧城区的商业中心地段,应逐步通过改建,形成商业步行街,增加相应的配套设施。对居民集中聚居的地方可以拆除危旧平房,改建多层住宅,这样一个方面可以改变居民的居住条件,另一个方面又可以腾出一些土地进行必要的文化、娱乐、环境设施建设,使建筑物向空间发展,增加绿化用地,调节旧城区的小气候。在旧城区的改造建设中,要特别注意给排水、供电、供热、交通和市政建设,通过配套改造建设,大大提高城区的环境质量。当然,在旧城区的改造过程中,也要注意对具有文化艺术和科学研究价值的各种文物古迹的保护,特别是一些发展历史比较悠久的城市旧区,尤其要做好统筹安排,做好那些有价值的古代建筑、遗址等的保护工作。

旧城区是一个十分复杂的实体。旧城区的改造和建设存在许多矛盾和问题,这些矛盾和问题一下子又很难解决。所以,必须按照旧城区的规划要求,做到有计划、有步骤地进行改造和建设工作。改造工作宁可慢一点,也要从长远的发展角度加以考虑,不能急功近利,不能造成新的人力、物力、财力的浪费。

城市物质文明的建设是一个系统整体,它的内容十分丰富,涉及到整个城市的所有空间配置内容。各种结构要素之间又具有十分紧密的联系,只有协调一致的发展,才能使空间要素得到优化配置,才能使整个城市的物质文明建设得到有效发展。

二、城市建设系统的原则

城市建设是一项系统工程。为了使城市建设的系统工程进行优化设计,依据城市建设的基本内容,必须使城市建设遵循一定的基本原则,这就是:

(一)坚持两个文明一起抓的原则

我们在前面已经讲过,城市建设是一个系统整体,在这个系统整体当中,精神文明和物质文明建设是组成系统整体的两个要素。任何一个要素的经济和建设状况如何,都对城市整体的建设发生着十分重要的影响作用。

所以,在整个城市建设中,必须对这两个方面的建设进行稳定研究、合理配置,不能只顾一个方面,而忽略另一个方面,应当从具体上把握它们的协调发展。

(二)坚持城市建设为人民服务的原则

城市建设不论是精神文明建设还是物质文明建设,都必须坚持为城市人民服务,满足城市人民物质文化生活需要的原则。城市的建设和发展最终目的都是为了给人民提供丰富的精神和物质产品,以满足人民群众日益增长的对物质和文化生活的需求。这既是社会主义初级阶段生产力发展的目的,也是城市建设的根本目的。坚持这个原则,可以有效地解决城市建设中的"骨头"和"肉"的关系,有效的消除城市建设中"左"的思想的干扰,以科学的、正确的思想为指导,为城市人民进行工作和生活创造一个合理的、舒适的环境,从而极大的体现社会主义制度的无比优越性。

(三)坚持城市建设按城市规划建设的原则

城市建设是城市各种设施在城市空间的配置。这种配置需要大量的人力、物力和财力。因此,决不能盲目发展,一定要尊重科学,严格按照城市规划进行。为了保证城市各项建设符合规划要求,就必须加强控制,强调集中统一管理的原则,提高城市规划的权威性,克服那种多头分散建设的弊病。城市的各项建设都应当以城市规划为中心,依据城市的实际情况,正确安排生产建设、住宅建设、公共服务设施和市政公用设施建设之间的布局和比例关系。正确处理生产与生活、局部与整体、需要与可能的关系,使城市建设按照城市规划有计划地进行。

(四)坚持多元思维的原则

长期以来,我们在城市建设中只重视生产,忽视生活和各种公共基础设施的建设。形成这种指导思想的重要原因,就是思想方法上的单极思维,即片面的考虑生产的发展,经济的发展,而对于与经济、与人民生活密切相关的其他方面的建设则没有引起足够的重视,更没有系统的考虑工业或整个城市经济的发展,给城市的公共基础设施、生态环境带来影响,也没有从精神文明建设和物质文明建设的相互结合上去系统地考虑城市建设。在城市建设中,要多角度、大跨度地研究和考虑问题,不能只考虑问题的一个方面,而要从若干个方面进行统筹考虑,既要考虑经济的发展,也要考虑社会的政治的发展;既考虑工业速度,也要考虑工业速度给生态环境带来的影响;既考虑城市内部的各种联系,又要考虑城市外部环境的联系;既考虑人们的工作环境,也要考虑人们的生活环境以及需要解决的住宅、公共交通、公共生活服务等设施的项目。这样,通过系统分析和研究,就可以求得一个合理解决,这是使城市建设得到协调发展的重要思维方法。

(五)坚持百年大计的原则

城市建设举足轻重,一经确定就很难更改,所以,必须慎之又慎,坚持百年大计的原则。在建设过程中,要切实做到从实际出发,不一蹴而就,而是要根据每个城市的实际情况逐步实现城市公用设施现代化和环境优美化。这不仅有利于城市人民物质文化生活的改善,也有利于城市经济和其他各项事业的发展。因此,在城市建设上,我们必须坚决杜绝那种目光短浅、急功近利的错误做法。例如,有些城市在修建道路时不考虑人口和车辆流量,没有从发展的眼光去考虑问题,结果道路修得很窄,不得不一再拓宽。还有的城市由于公用设施建设不配套,马路修了又修,下水管换了又换,造成了人力、物力、财力的极大浪费。再比如,一些大中城市的重要交通地段,没有注意建设道路的立体交叉设施,这在一定时间内似乎比较省钱,但随着城市的发展,人口增多,车辆增加,道路交通建设又跟不上去,经常造成非常严重的交通堵塞现象,人民生活很不方便,经济上也遭到了不可胜数的巨大损失,这是一种典型的急功近利,缺乏长远打算和考虑的做法,如果重新建设,那就会付出更大的代价。孰轻孰重,这确实很明白。当然,我们所说的百年大计,是要求在城市建设中,根据不同城市的特点、发展趋势、人口状况、产业结构状况以及其他各种因素,进行综合研究,应当从我国的国情、国力出发来做到统筹考虑。

(六)合理控制城市规模

做到规模控制与发挥城市优势相结合的原则,空间地域的有限性给城市的发展带来一定的影响。因此,每个城市都应当在城市建设中,科学合理地安排使用城市的土地、水源,控制城市人口的增长,把城市规模控制在适当的限度内,决不能使城市建设规模超过当地自然力的"负荷极限",否则会带来一系列的严重后果。为了合理控制城市的发展规模,在城市建设中,要把节地、节水、节能作为长期的战略任务来抓。在城市建设中形成一整套严格的控制措施。与此同时,也要看到,我国一些大中城市经过多年的发展,已经形成了相当的经济发展基础,成为某一个区域内的工业中心、贸易中心、金融中心、科技文化中心。有着雄厚的经济实力。对于这样的城市,要从实际出发,尽可能发挥其经济优势,不能搞一刀切,把城市的适度规模控制与发挥城市的优势结合起来,发挥其整体系统的优势。

合理控制城市规模,从区域范围来讲,还应当在主体上安排好大、中、小城市的发展规模和布局,形成一个网络型发展系统。旧中国由于长期的半封建、半殖民地统治,城市建设分布极度不合理。据统计,1947 年沿海地区,包括辽宁、河北、北京、天津、山东、江苏、上海、浙江、福建、广东和广西在内的省市,土地面积仅占全国总面积的 13.38%,但是却集中全国人口的34.7%,人口集中程度很高,而边远和一些少数民族地区人口则稀少。解放初期,四川、甘肃、陕西、宁夏、青海、新疆、云南、贵州、西藏、内蒙古等 10 个省、自治区,以上的城市只有 20 多座,占全国总数的 15%。为改变这种状况,党和政府采取了一系列措施,在工业和城市布局上强化了对内地的投入和建设,扩建和改建一批原有的城镇,使我国内地人口比重有所提高,但就总体来说,全国城镇人口分布不平衡的局面仍旧没有得到扭转。因此,我们在城市建设中,一定要从整体上坚持大、中、小城市相结合的原则,控制大城市发展,合理发展中等城市,积极发展小城市的方针,改变城市的不合理分布状况,以有利于生产力的发展。

城市建设是一项十分复杂的工作。要使城市建设得到合理、系统的发展,必须坚持城市建设的基本原则,最根本的原则是城市规划及建设的法制化,这是搞好城市建设的关键。

三、城市建设系统结构

城市建设结构是指城市建设的构成要素、构成方式及其运动发展规律。系统地研究城市建设结构的目的,是使城市建设有一个稳定科学的结构,求得城市建设的合理发展和空间组织的优化配置。

城市建设结构是一个由多种要素形成的综合体,它直接或者间接地制约着城市建设的发展,主要包括:

(一)投资

城市建设必须解决投资问题。资金的投入是进行城市建设的必要条件,但是只有合理的投入,才能使城市建设得到协调发展。一般来讲,城市建设投资可以分为两个部分:一部分是生产性建设投资。这部分投资主要用于发展城市的经济和工业生产,其中包括一定时期内的投资方向、投资本身的资金构成(国家的、集体的、引进的资金等),以及各种投资在城市区域内各个生产行业、地区内的分配比例数额,同时包括对一些老企业进行技术改造的资金和新建企业的投资。另一部分是属于非生产性投资,属于城市内部消费结构的范围。这两种投资结构比例是否合理,直接关系到城市建设的结构、内容是否达到配套要求,如果资金投向不合理,绝大部分都投入生产性建设,就必然要影响非生产性投资,给各种市政建设项目的建设带来困难,所以,必须从系统整体出发,合理地确定两种资金的投向,既要保证和促进城市的经济建设,又要保证城市各种配套设施的建设有必要的资金。

(二)生产性建设项目

生产性建设项目,主要是指城市区域内各种工业生产建设项目,也包括城郊农业的建设项目。城市生产性建设项目的建设直接关系到城市经济的发展。因此,在进行生产性建设项目时,必须从城市的资源条件等多种因素条件出发,进行多方面的可行性研究。生产性建设项目的水平如何,对城市整体的发展有着直接关系。

城市建设生产性项目,必须首先选择合理的产业结构,把自然资源状况、地理位置和经济历史所形成的优势作为选择产业结构的主要依据。同时,也应当看到,由于城市建设项目与投资有着密切关系,在一定时期内投入工业生产和建设的人力、物力和财力的可能条件,对于城市产业结构的发展变化,对城市建设项目选择有着决定性影响。因此,城市应当尽可能发挥当地的经济优势,在技术、资金条件好的城市,可以多发展技术密集型产业,而资金、技术相对差一些的城市,可以发展劳动密集型产业。

此外,城市建设生产性项目,必须十分注意布局结构的科学安排。城市建设生产性项目的布局是否合理,厂址选择是否合适,一方面关系到城市整体建设和以中心城市为依托的经济区域的发展,另一方面对建设投资效果以及建成后的经营效果和环境效果都会产生重大影响。所以,必须贯彻集中与分散相结合的原则,合理调节城市建设中的布局结构。根据现代城市的建设特点,将同行业的不同企业进行新组布局,形成若干个不同类型的工业区,做到既适当集中又适当分散,是获得良好的城市建设效果的重要手段。具有关资料统计,它可节省城市用地 10%—20%,交通运输线路缩短20%—40%,有利于共同建设水电交通等公共设施。

(三)教科文发展项目

科技文化发展项目的建设,主要包括科研单位、学校等建设项目。

由于城市是国家或区域经济、科技和文化发展中心,其中城市经济的发展和城市经济中心的形成,最主要的是依靠科学技术的进步。城市建设结构中,科学研究的发展至关重要,而不论是在资金投入、基础设施的建设等方面都要有严格的要求,世界上许多国家在发展城市建设中都十分重视科技项目的建立和开发,因而极大地促进了经济的发展。比如,20 世纪初,国民经济的增长中属于科学技术进步取得的增长比例只占5%,而70 年代末,不少国家达到50%—70%。其中日本在国民经济总产值中,依靠科学技术进步取得的增长,50 年代为19.5%,70 年代达到70%,而依靠增加工人、投资和设备增长的比例则由80.5%下降到70%—40%。所以,我们在城市建设中,从总体结构设计,到城市科技布局等各个方面,都应当有一个统筹安排,以促进市经济的发展。

对城市教育,主要应当根据城市人口分布状况,结构状况搞好建设布局设计,同时要根据城市经济发展状况,不断增加对教育的投资,尤其要解决好中小学的校舍建设,为教育活动的正常进行提供必要的物质条件。

(四)市政工程和公用事业项目

这是城市建设结构中的重要因素之一。它包括道路、桥梁、供电、煤气、给水排水、邮电、废物垃圾处理等。概括起来是:交通运输、通讯、能源供应、给水排水、环卫处理等五大系统。这五大系统的建设,即为生产服务,又为城市人民的生活服务,是城市建设中的基础设施。离开这些基础设施,工厂就不能生产,人民就难以生活。

(五)行政和生活服务建设项目

行政建设项目主要包括机关、群众团体用的建筑物等。生活服务建设项目,是以住宅为轴心的,包括商业服务网点、医院、公园、影剧院、体育运动场所等一切为满足城市人民物质生活和文化生活所需要的建设项目。

以上五个方面的相互渗透和结合,形成了城市建设的结构。它们尽管有各自的存在方式,同时又错综复杂地联系在一起,构成了城市建设中的系统要素整体。由于城市建设结构的这些要素都具有动态性,它们受多种因素的作用,处在一种不间断的运动和变化之中,其中任何一个项目的资金投入和建设,都必然要对其他要素产生影响,或者对其它要素提出新的要求。所以,只有使城市建设结构保持经常性的系统调整,才能使城市建设要素之间保持合理的结构和比例关系。

第三节　城市建设是一项系统工程

城市建设涉及的范围和内容很广,绝不是盖几栋楼房,修几条道路,增加一些商业网点等简单的建筑物相加,而是关系到城市各种要素相互协调发展,保持合理的量的关系和比例以及严密逻辑联系的整体系统结构。因此,城市建设是一项系统工程,必须从系统思维的角度出发进行系统分析、系统研究才能在城市建设的实施过程中,保持各种建设项目的数量比例的合理性和科学性。

一、城市建设的系统性

系统辩证思维指出,任何物质都是一个系统,都是以系统的形式存在着和发展着。离开系统的物质是不存在的。我们周围的事物和现象总是以这种或那种系统的方式存在着。同时指出,系统是由若干个互相联系的要素构成的集合体,离开了物质系统便毫无意义,物质和系统是统一的。城市建设也是一个十分完整的系统。所以说它是一个完整的系统,是指城市建设具有明显的整体性、目的性、层次性和相关性的特点。它是一个由多种要素组合而成的综合体。在城市建设中,不论是经济建设还是公共基础设施的建设,不论是住宅建设还是行政设施建设,都同城市的整体发展有着密切的联系,而各个要素之间除了具有质的联系之外,还存在着一种量的比例。如果比例不协调,必然会形成一种整体失衡,比如公共基础的设施建设跟不上经济发展和人口增长,就必然会严重阻碍生产和经济的发展,同时又会给人民的物质文化生活带来很大困难,因此,它们之间在资金的投入上就应当保持一种数量比例关系。资金如果投入不合理势必造成整体比例失调,达不到优化的目的。所以,我们必须把城市建设当作一个系统来看待。

城市建设的系统性主要表现在这样几个方面:首先是城市各种建设项目的相互配套性。任何一个城市,尤其是现代城市,在城市建设过程中必须从系统整体出发,统筹谋划,使各种建设项目达到相互配套,这是发挥城市系统优势的重要内容之一。城市系统的综合性决定了城市系统建设的配套性。要做到城市建设的配套发展,就应当从系统整体的角度,对城市的经济建设、行政建设、住宅建设、文化建设、各种公用基础设施的建设进行系统分析,有的还应当进行量化研究。比如道路交通的建设要根据人口密度分布、客流量、运输量和各种机动运输车辆的现状和发展来科学的测定道路的宽度、建设形式等,把当前和长远结合起来,做到既方便生产又方便生活。如果不综合考虑这些因素就必然给道路交通的建设带来严重后果。再比如发展城市经济,不考虑供电、供水、排水以及其他设施的配套情况,必然会给城市经济的发展带来困难。长期以来我国一些城市建设水平不高,有的城市环境污染十分严重,有的基础设施不配套,很重要的一个原因就是没有用系统整体的思维方法来分析和研究城市建设,没有看到城市各种建设项目之间存在的内在联系,因而顾此失彼,造成严重后果。其次,在投资结构上要做到配套性。在城市建设中,不仅要科学的系统分析和研究各种建设项目的比例关系,而且在实施过程中,一定要保持合理的投资比例,这是控制城市建设系统发展的关键。

二、城市建设系统的过程设计

城市建设既然是一项系统工程,就应当从实际情况出发抓好它的过程设计和运行。

我国国土辽阔,自然资源分布不均,加上历史发展的原因,地区之间的生产力发展水平相差比较大,这就必然形成城市在生产力布局上的差异性。因此,城市建设系统的工程设计,必须从基础抓起,进行系统的定性和定量的分析研究。具体地讲,主要应当抓好以下几方面工作:

第一,城市国土资源的调查和研究规划。国土资源是城市建设的基础资料。任何一个城市的建设和发展,必须首先搞清城市所在区域的国土利用和资源状况,使城市建设有科学的依据。国土资源状况主要应当包括城市的地理位置、地形地貌、土地面积、土地资源和利用状况,城市人口结构、分布状况,城市经济发展的现状,工业、市场、各种文化科学、市政基础设施分布和建设状况,区域周围的资源状况,包括资源的类型、储量、交通运输状况等等。总之,国土资源的调查为城市建设提供大量可靠的水文、地质资源状况资料。在国土资源调查的基础上,要从城市整体出发,制定国土资源综合利用规划。

第二,研究和制定城市总体规划和各项建设内容的具体规划。规划是城市建设的依据,在国土资源调查的基础上应当根据国家关于城市发展和建设的方针,经济技术政策,国民经济和社会发展长远规划、区域规划以及城市的国土资源状况制定城市的总体规划。合理利用城市土地,综合部署城市经济、文化、公共事业的各项建设。为了详细安排好城市的各项建设,城市具体规划也可以分解为城市发展规划、城市布局规划、城市工程规划,从这三个方面总体上勾画出城市未来的发展轮廓。特别是城市工程规划要详尽编制,其中包括:城市道路系统规划、城市交通系统规划、城市供水工程规划、城市污水及雨水的排水工程规划、城市供电工程规划、城市供热系统规划、城市煤气供热规划、城市电讯工程规划、城市园林绿地系统规划、城市用地工程规划的编制,从而为以后城市建设提供依据。

第三,编制好年度城市建设计划。城市总体规划是指在一定时间内,城市发展的蓝图。它要根据城市提供的财力、物力和人力逐步地加以实施,是一个较长时间的计划。在编制城市总体规划的同时,要依据城市发展的需要,以及城市本身可能提供的财力、物力,分轻重缓急进行,并抓好年度建设计划的落实。年度建设计划是城市总体规划具体实施计划,必须依据城市总体规划来制定。

第四,对列入年度城市建设计划的项目应当经有关部门进行严格审查,有些重大项目则要根据城市总体规划的布局要求进行综合论证,对污染严重的项目则要审查其治理措施,并落实资金以及项目负责人和施工进度等。

第五,对建设项目实行严格管理和检查验收,特别是列入城市公共设施基础计划建设的项目,有关部门应当依据设计图纸要求进行严格的质量检查,从而保质保量地完成城市建设的计划项目和任务。

总之,城市建设是一项系统工程,我们应当从系统整体上为城市建设创造必要的条件,同时在具体项目上要严格按照系统程序处理,这样就可以使城市建设有组织的达到系统运行的目的。

三、城市建设系统的过程控制

城市建设要有计划地按照城市总体规划实施就必须在实施过程中进行严格控制。控制是实现目标优化的重要手段,对城市建设尤其要进行严格的过程控制。

第一,实行过程控制的前提。对城市建设实行过程控制,必须有明确的前提。这个前提主要反映在以下几个方面:一是对城市建设中的相关因素要进行综合分析和究,有的则要进行量化研究。相关因素的综合分析和研究,主要是掌握控制过程中"骨头"与"肉"的比例关系;二是要进行城市产业结构状况的分析,通过对产业结构状况的分析和研究明确城市建设过程中的投资趋向;三是要进行城市建设项目的主次性分析。由于城市形成的历史原因有所差别,在城市建设上的投入不同,因而城市之间的配套建设程度不尽相同。因此,在城市建设过程控制中,必须明确建设内容的主次、轻重缓急,把有限的资金尽可能地用在刀刃上;四是条件分析。城市建设必须具备一定的条件,即主要是财力和物力两个方面,要做到量力而行,不能抛开主客观条件,采取一些不切实际的措施。所以在过程控制中要十分注意城市建设的条件性。以上五个方面,构成了实行城市建设过程控制的前提条件。

第二,法律手段的控制。法律手段的控制主要是指在城市建设过程中应用有关的法律、法规来进行控制。比如城市规划具有十分严肃的法律地位,它的制定、修改都要经过一定的法律程序,一经制定就不能随意修改,这就赋予城市总体规划的高度权威性和执行的严肃性。有关部门完全可以根据有关的法律依据,对城市建设情况进行有效的控制。

第三,行政手段的控制。行政手段的控制是城市建设的主要控制手段。它包括对城市建设项目的审查,对研究报告进行可行性论证;对城市年度建设计划的制定、下达、检查;对城市区域内各种违章建筑的处理;对城市公共基础设施建设项目的检查以及城市旧区改造状况的监督等许多方面。行政手段的控制必须通过一定的管理部门来实行。目前,我国已经建立起比较完整的管理体系,但是要有严格的管理制度。只有把管理的各种要素充分组合起来就能够发挥城市建设中行政手段的有效控制作用。

第四,政策调控。在城市建设过程中,为了使城市建设得到有效控制必须依据实际需要,采取政策调控的办法。比如,确定城市的产业结构之后,就应当制定相应的产业政策,通过制定产业政策来控制一些产业的发展,而支持另一些产业的发展,在资金投入上相应地采取倾斜政策,就会有效地在城市建设中达到了控制的目的。

总之,控制是一种手段。城市建设要按照总体规划实施,就必须在有系统运行的过程中,进行管理内容、管理方法、管理手段等方面的系统控制,使城市建设达到整体优化的目的。

四、系统分析方法在城市建设系统中的运用

由于建设是一项系统工程,它的结构要素十分复杂,涉及的范围包括人、财物、地域空间、生态环境等等。这些结构要素有的要进行定性研究,如城市的性质、产业结构;有的则要进行定量研究,如人口预测、道路交通的设计等要进行科学的数学测算。因此,如果沿用传统的思维方法,显然是不适应的。用单极思维、两极思维也很难处理现代城市建设中的很多复杂问题。因此,这就要求我们要应用系统辩证思维的一些方法来分析和研究城市建设中碰到的问题。

在城市建设中,一般主要运用系统分析的方法。系统分析是指从系统整体出发,用联系和发展的观点、系统层次的观点把人们认识的对象放在系统整体中进行分析和研究,从系统要素的结构层次、发展趋势等方面进行多角度的透视,这样既可以看到各种系统要素在系统整体中的地位和作用,又能看到要素之间的相互关系。由于城市建设的要素比较多,而城市本身提供的财力、物力又有限,不可能在很短时间内就实现城市总体规划所确定的目标,所以,城市建设必须量力而行。这就产生一个问题,城市建设项目很

多,怎样确定先后顺序,生产性建设项目和非生产性建设项目怎样才能达到建设时间和建设规模上的合理配置。要解决这个问题必须从系统整体出发,将各种要素放到城市这个大系统的特定环境中进行系统分析。通过分析,确定科学的配置比例和先后次序。这种科学方法的广泛运用,毫无疑问会使城市建设处在一种严格的科学决策之下,实行良性循环,以达到城市建设的整体优化。

第五章　城市系统管理

　　现代城市管理涉及的内容和范围十分广泛,它是一个结构要素复杂,具有多层次特点的综合系统。在当代,随着新技术革命和科学技术的蓬勃发展,给城市管理科学化、规范化、系统化提出了许多新的课题。所以,城市管理水平的高低,直接反映一个城市的人口素质状况和社会生产力的具体发展水平。

　　同任何事物的发展一样,城市管理也经历了一个由低级向高级、由简单到复杂的发展过程。在这个发展过程中城市管理水平同社会生产发展水平相适应,总是不断地涉及科学技术的最新成果,丰富管理思想,发展和完善管理手段和方法。近代城市由于受科学技术和生产力发展水平的影响,内部结构不太复杂,管理层次不多,管理手段比较单一,因而整体管理水平比较低,人们对管理的认识也就没有达到科学思维的高度。到了本世纪初,由于自然科学的发展,特别是以物理学中相对论和量子力学的建立为契机,使现代科学对自然界的认识上突破了以牛顿为代表的一系列陈旧观点,引起了科学观念和理论科学的革命。之后又以电子计算机和信息技术的崛起为契机,发生了一场新的技术革命。到了40年代,随着系统论、信息论、控制论的产生和发展,又为整个自然科学和社会科学的研究和发展注入了新的活力。这些新科学技术成果和管理理论在实践中的广泛运用,一方面极大地提高了整个社会生产力发展水平,另方面也使城市内部的结构要素日趋复杂化。这就要求我们在城市管理中,必须不断涉及现代科学技术和管理理论的成果,运用系统辩证思维来分析、研究和进行城市的整个系统管理,把现代城市置放在一种科学、系统的客观管理环境之中,只有这样,才能充分发展城市的系统功能。

第一节 管理系统发展和现代管理理论

系统辩证思维认为,自然界、人类社会和思维方式都有过去、现在和将来发展的历史过程。这个过程是系统的发展过程,它包括系统整体在同外部环境的作用过程中,系统要素的不断优化和系统结构的重新组合。它的运行过程既不是杂乱无章,也不是漫无目的,而是遵循着一定的发展变化规律,形成一个自然历史的客观发展过程。因此,我们要搞好城市的系统管理,就首先要认识管理了解和掌握管理自然形态的系统发展过程,了解和掌握现代管理理论的系统发展和形成过程。

一、对管理的认识

任何系统都是过程的系统发展。人类社会通过运动的积累,不断从有序化、有组织化向更高的系统优化方向发展。管理作为一个系统过程,也遵循了这样一条发展变化规律,从发展形态上来讲,它是一门既古老而又焕发着青春的科学。说它古老,因为管理本身的发展具有十分久远的历史,它同人类的文明史相伴而生,又随人类的进步而发展;说它焕发着青春是指人类的管理活动处在时空的动态变化之中,它随着科学技术和社会生产力水平的不断提高而提高,经历了一个螺旋上升、波浪式前进的辩证发展过程。在长期的实践中不断丰富和完善自己,在社会的政治、经济以及各个领域中,广泛地发挥着重要的组织、协调等多种功能和作用。

管理是现实世界中存在的一种十分普遍的现象,大到整个社会,小到每个家庭,从宏观到微观可以说无处不渗透着管理。所以,人们总是按照各自不同的角度,来研究和看待管理,并给管理确定不同的概念。有的认为,管理就是指导人类达到目标的行动;也有的认为,管理就是领导,就是由一个或更多的人来协调他人的活动,以便收到个人单独活动所不能收到的效果而进行的各种活动;还有的认为,管理就是指计划、组织、指挥、协调、控制五种职能。

此外,现代许多新学科的专家学者也对管理的概念进行了不同的表述:

决策理论学派的代表人物,1978年诺贝尔经济学奖获得者西蒙认为:决策始终贯彻管理的全过程,因而管理就是决策

美国经验主义学派的代表人物德鲁克则认为:管理是一种工作,因为它包括着技能、工具和技术;管理又是一门学术,是一门到处都可以运用的系统化知识;管理又是一种文化,它包含在价值、风格、信仰之中;管理还是一种任务,它不仅在于"知",而主要在于"行"。

苏联的阿法纳耶夫则把管理看作是一个过程,即:管理就是根据一个系统所固有的客观规律,并施加影响于这个系统从而使这个系统呈现一种新的状态过程。

以上这些对管理的理解,尽管角度不同,但都对管理的内涵做了表述,这对我们把握管理的特点和内容,具有一定的指导作用。

管理是人类最基本的一项社会实践活动,它有着同人类社会发展史一样悠久的历史。但有人认为,管理并不是人类社会出现之后就有的,而是由于社会生产力的发展,使人类劳动出现了社会分工之后才产生的。因为劳动分工是生产力发展到一定阶段的产物,分工的目的是为了提高劳动生产效率,分工才需要协作,分工协作才需要管理。因此,管理是生产力发展到一定程度的产物。这种观点是不对的,这是因为人类是以结成一定的生产和社会关系为特征的。史前的原始社会尽管生产力水平极为低下,但就其社会生活来讲,根本离不开人与人之间相互协调,相互配合;否则,面对恶劣的自然条件,就很难生存和繁衍;因此,这里只有管理内容和管理水平高低的区别,而不是有没有管理的问题。

二、管理系统的发展

由于管理同人类社会的发展历史一样久远,因而它经历了漫长的历史

发展阶段。每一阶段的管理内容、管理方法和管理手段都随着社会生产力的发展和社会形态的变化而发展和变化。从社会生产力发展水平来区分，管理大体经历了以下几个发展时期：

(一)史前的管理

史前的人类社会，据考古发现，已经经历了上百万年的历史，以我国云南的元谋人为例，距今已有170万年。这一时期的生产力水平极为低下，它的社会组织形态主要是氏族公社。就管理来看，则可分为氏族管理和部落管理这样两个时期。

氏族管理是以母系氏族制为基础的，它是氏族公社发展的第一阶段。氏族是继人类原始群之后以血缘为纽带的人类共同体，也是一种通过血缘关系把人们互相结合起来的社会组织。这一时期的管理内容主要是：首先在经济上实行生产资料公有，人们集体从事生产活动，劳动果实按需平均分配；其次由于妇女在氏族公社中居于支配和主导地位，婚姻形态由血缘婚发展为群婚制典型阶段的外婚制，或者叫族外群婚，即不同氏族之间的同辈男女互为夫妻，丈夫居于妻方；第三是在社会生活中已经出现了崇敬共同的神祇，产生了原始蒙昧的宗教观念。从以上三个方面来看，这种氏族管理主要体现在公共事务的管理之上，通过这种公共事务的管理来维系和协调着氏族内部的关系和生活。它的管理形式主要是：由氏族成员选举产生的氏族长辈管理氏族内部的日常公共事务；由氏族成员会议决定氏族内部的重大问题。还出现了以氏族为单位建立的村落，村落的建筑也开始有一定的布局和规划。房屋有大有小，大房子一般就是氏族首长的住宅或者氏族大会议事集会的场所。居住区之外，又有窑场、公共墓地区域的划分。

在母系氏族公社发展后期，几个血缘相近的氏族组成胞族，几个胞族又组成部落，几个部落又逐渐组成了部落联盟。这样，对考察原始管理具有十分重要意义的部落联盟就产生了。

部落管理是以父系氏族制为基础的，它是由氏族公社向阶级社会过渡的时期。部落是原始社会中有一定血缘关系的氏族或胞族联合起来而结成的社会组织。就社会形态来讲，它不仅比氏族发展了一步，而且其公共事务的管理也在氏族管理的基础上向前大大迈进了。这时的管理层次比以前较为复杂。既有全体部落成员参加的部落成员大会，又有各个氏族或胞族代表组成的部落议事会议，还在部落联盟中推举出军事领袖。这就表明，部落管理无论从内容、层次和形式上，都要比氏族管理复杂得多了。不同层次的机构按各自的分工，承担着管理公共事务的不同内容。部落成员大会、部落联盟会议等都在各个不同范围发挥着自己的作用，其中有些管理机构由临时机构逐步发展为永久性组织，有些制度也约定成俗，在稳定和发展部落联盟当中起着十分重要的作用。比如，部落联盟这种组织起初是临时性的组织，原来由于管理的需要，逐步发展成为专门的管理机构，成为决策的最高权力机关。它不仅有对外作战的职能，而且还要对内进行剥削和镇压奴隶们的反抗，以保证贵族和统治者们的利益。这样，氏族大会、氏族和部落议事会、部落联盟逐渐由管理公共事务的机关转变为阶级统治的机构。军事领袖和氏族大会、氏族、部落议事会仍由选举产生，部落联盟首领的推选也遵循选举产生的办法，具有一定的民主性质。比如在我国古代尧、舜、禹时期，尧为部落联盟领袖，在他年老时，选择舜为继承人，四岳十二州会议同意，尧即传位给舜，后来舜又以同样的形式，传给禹，因此历史上把这一时期部落首领的更替形式称为"禅让"时代。

从上面的分析中我们可以看到，从氏族管理到部落管理，其管理内容逐步深化，由一般的氏族内部公共事务管理，发展到国家机构的管理，管理的层次和结构也日趋复杂化。尤其是随着社会生产力的发展，剩余产品的增多，生产资料的管理也由公有制逐步转向二重所有制，进而向私有制发展和过渡。

考察史前人类社会的管理，尽管当时的管理水平极为低下，但从管理发展的历史沿革来讲，对我们理解和掌握管理的系统发展，仍然很有益处。它的主要特点是：

管理具有普遍性。史前人类社会的发展过程足以说明，管理从一开始就涉及到社会生活的各个方面，有经济的，有政治的，有军事的，也有协调人与人之间相互关系的，诸如婚姻形式、宗教活动等等。所以，管理具有普遍性。

管理具有自组织性。史前人类社会的公共事务管理，从一开始到部落联盟最后的解体，国家社会形态的出现，都先后出现了各种组织结构。这就告诉我们，管理职能的发挥，离不开专门的组织机构。那时的管理机构尽管非常简单，但氏族、部落、部落联盟以及各个层次的机关分管的领域是很明确的，因而管理也处在一种有序的发展状态之中。管理组织怎样才能适应管理的需要，可以说直到今天，仍然是我们需要认真研究的一个问题。

管理具有权威性。管理具有管辖、组织、规划、协调等多种功能。要实现这些功能，管理就必须有权力来保障，而且这种保障要通过法律、法规等形式固定下来。史前人类社会由于还没有产生法律这种管理形式，因而管理主要依赖于权威。正如恩格斯指出的："酋长在氏族内部的权力，是父亲般的、纯粹道义性质的；他手里没有强制的手段。"[1]因为氏族、氏族联盟的首领是选举产生的，首领的权力来自氏族、氏族联盟内部公共意志，这种权力也是氏族内部集体意志的象征，因而这种管理代表了全体成员的共同利益。所以，研究管理的系统性，不能抛开管理所必须依据的权力和权威。

管理具有动态发展性。尽管当时管理的内容、形式与今天无法比拟，而且发展也极为缓慢，但它也是在一步步地向前发展着、变动着，这就要求我们在研究管理发展的过程中，要用变化、发展的眼光去看待管理，既要看到同一社会形态中管理发展的各阶段，又要研究当一种社会形态发展到另一种社会形态时，管理内容和形式的变化。

（二）前资本主义的管理

列宁说："国家是阶级矛盾不可调和的产物和表现。在阶级矛盾客观上达到不能调和的地方、时候和程度，便产生国家。"[2]氏族公社后期，由于社会生产力的发展，私有制出现，贵族和村落首领占有大量财富，公有制很快解体，于是国家作为阶级矛盾不可调和的产物而出现。从国家出现到资

① 《马克思恩格斯选集》第4卷，人民出版社1995年版，第84页。
② 列宁：《国家与革命》，人民出版社1992年版，第5—6页。

本主义之前,主要经历了奴隶制社会和封建社会,而这一时期的社会经济、政治、文化等管理,一般都包括在国家管理之中。这个时期不仅国家具有管理的职能,而且整个社会管理也主要地表现为国家管理。比如,在我国,秦始皇灭掉六国之后,以秦国原有的政治制度为基础,在全国范围内建立起了专制主义的中央集权的封建国家。紧接着,他实行"三公九卿制",废除"封诸侯","建藩王"制度,全面实行郡县制度。此外,他还实行土地私有制,统一货币,统一度量衡,统一车轨等经济政策,其目的在于维护国家的统治,提高行政效率,保证国家经济的发展和繁荣。唐太宗李世民执政之后,改进府兵制度,对三省六部制进行调整,规定中书、门下、尚书三省分别行使决策、封驳和执行的职责,提高行政效率。在人事管理上坚持"任人唯贤",不因亲旧关系而取庸劣,不因关系疏远,甚至曾是政敌而舍贤才,对人民不采取"竭泽而渔"的政策,再加上其他方面一些改革措施,使唐朝出现了社会政治、经济和文化繁荣昌盛的"贞观之治"。所以,不论我国的历史还是国外一些国家的历史,在前资本主义时期,社会是通过对国家的管理而促进其发展的。正如古代希腊伟大的思想家德谟克利特说的那样:"应当认定国家的利益高于一切,以便把国家治理好。决不能让争吵破坏公道,也不能让暴力损害公益。因为治理的好的国家是最可靠的保证,一切都系于国家,国家健全就一切兴盛,国家腐败就一切完蛋。"[1]

在前资本主义时期,管理的功能主要是通过对国家的管理而实现的,因此它具有以下几个方面的特点:

管理阶层的形成。管理阶层的形成,是社会和历史发展的必然产物。只有在阶级和国家产生之后,才形成了以专门从事管理工作的阶层,可以说,这是一种历史的进步。从历史的发展来看,尽管统治阶级采取一系列措施,其管理国家的目的最终是为本阶级利益服务,但就管理本身来讲,也包括为社会利益服务的成分。当然,管理阶层的形成,管理者和被管理者的分化,又同当时脑力劳动和体力劳动的分工是联系在一起的。一些人专门从

---

[1]　《西方哲学原著选读》(上卷),商务印书馆 1981 年版,第 53 页。

事管理这种脑力劳动,无疑对管理水平的提高起很大的促进作用。

管理内容的复杂化和丰富化。由于阶级的形成,国家的产生,生产力发展水平的提高,这一时期的管理内容趋于复杂化和丰富化。从管理层次来讲,仅中国封建社会就有皇帝、诸侯、卿大夫、士的等级,每一等级又有若干品位,尽管有些朝代做过一些调整,但层次仍然比较复杂。欧洲中世纪也有严格的等级划分,从公爵、侯爵、伯爵一直到骑士,都根据各自的身份,拥有大小不等的庄园和领地。这种复杂的阶层关系如果处理不好,直接影响国家的安定和生产的发展,因此,必须有一套十分严格的管理制度和办法。

管理方式的制度化、法律化。由于历史的发展和进步,前资本主义时期的管理方式逐步走向制度化、法律化,使制度和法律成为巩固政权维系统治阶级利益的工具。比如,我国早在西周时期,就已经有一整套国家管理制度。据《周礼》记载,周有六官,为冢宰、司徒、宗伯、司马、司寇、司空,其中司寇专管刑法。在统治阶级内部实行"世卿世禄"制度,在地方上实行"分土封侯"制度;在诸侯封区之内实行"分封制度"等等。在以后的发展中,还逐步制定法律,如西汉初年,萧何以《秦律》为基础,制成《汉律》九章,成为我国最早的法律文件之一。此外,当时还在全国十三个州部设置刺史,建立了极为严密的监察制度,进一步加强了皇帝对整个官僚机构的控制。古代的巴比伦,也曾出现过著名的《汉穆拉比法典》。所有这些,都使管理大大向前迈进了一步。

(三)近代资本主义管理理论

如果说前资本主义时期,奴隶制和封建社会的管理主要集中于国家管理的话,那么到了近代资本主义时期,管理的内容主要反映在行政管理和经济管理这样两个方面。

由于近代资产阶级国家是否定封建国家、把封建专制君主作为直接革命对象,因而当资产阶级国家政权建立之后,它的管理方式同封建君主专制有着明显的区别。这是由于当时的生产力发展水平所决定的。封建主义的经济是一种封闭的自给自足的自然经济,而资本主义经济是一种借助于市场的商品经济。在资本主义社会,一切都成为商品,包括劳动力也成为商品,商品又依赖于市场,在市场中形成了激烈的竞争,通过竞争推动商品经济的发展,因而它必然地受到各种经济规律的制约和支配,那种封建家长式的专权管理已经不适应了。再加上由于资本主义生产的发展,社会分工日益专业化,新的生产部门和工种不断出现,资本家为了获取更多的剩余价值,通过资本积累,不断地进行扩大再生产,这就要求生产领域更加周密的合作,这就必然要创造新的管理经验。由于这些历史原因,近代资产阶级国家采取分权管理的方式。1789 年法国资产阶级革命和 1776 年的美国独立战争之后,都采取分权管理的原则。同时,在分权管理的基础上实行法治管理,如美国独立战争胜利后的 1787 年以三权分立为原则制定的宪法,1791年法国资产阶级革命胜利后制宪会议通过的君主立宪制的宪法,都体现了三权分立的思想。这样,就从法律和制度上消除了封建专制集权的影响,使资产阶级的国家机器在明确健全的法律轨道上正常运转,做到各种权力既分立又制衡,既联系又制约,对封建专制主义统治来说,这是一种历史的进步。

在经济管理方面,这一时期主要经过了手工业生产、工场手工业和机器大生产这样三个不同的经济发展阶段。由于这三个阶段生产力发展水平不同,因而管理手段和方法也不尽相同。在手工业生产阶段,由于生产规模比较小,工艺简单,因而也不存在复杂的管理过程。在工场手工业时期,生产力发展了,比较严格意义上的经济管理开始出现。工厂主既是工厂生产资料的所有者,又是管理者,他们为了在竞争中求得生存和发展,除了对雇佣工人进行残酷的剥削之外,还要千方百计通过在生产中广泛采用各种新技术、新工艺,严格管理制度,提高劳动生产率,因而就必须使整个生产和经营做到有组织、有分工、有协作地进行。这样,企业的管理就得到了明显加强。在机器大生产时期,由于劳动工具的改善,生产效率大为提高,但同时也给管理指出了新的课题。由于机器在生产中的运用,个人的技艺对提高生产效率不占主导地位,因为技艺已经以物化的形式融合于机器之中,工人只是按照管理者的指令,周而复始地依照规定的程序和动作进行重复作业。在这种情况下,资本家为了谋求高额利润,用低工资大量雇用未成年的童工,采用绝对剩余价值的剥削方式,通过延长工作时间来增加资本积累。他们只加强对工人在生产过程中的直接监督,而其他环节仍然停留在原来的管理水平之上。这样,久而久之,一方面加剧了劳资之间的矛盾,另方面管理工作不配套,给生产发展带来很大影响。这种状况迫切要求资本家解决人的管理、管理方法和手段,那种生产过程中运用大机器,而管理仍凭个人经验的落后局面必须尽快加以改变。于是,人们开始研究管理,各种管理理论也就相继出现了。

近代资本主义管理理论,是人类对管理进行专门研究的开端,它为以后现代管理和现代管理理论的产生奠定了基础,也是使管理在科学思想的指导下逐步丰富和完善自己的系统过程。

近代资本主义管理理论的研究范围,主要是对国家管理的分权理论,其代表人物是法国的孟德斯鸠等人。孟德斯鸠著有《波斯人的信札》和《论法的精神》等。他抨击封建君主专制制度,提出立法、行政、司法三权分立学说,认为这三种权力应当各自分立,同时又保持互相牵制的关系,即议会掌握立法权,国王掌握行政权,法院掌握司法权。国王尽管无权立法,但有否决立法的权力,议会有权立法,但又受国王否决权的限制,司法要由法院独立进行。这种互相牵制的制度,可以避免执政者滥用职权,实现政治自由。

在经济管理理论中,出现了企业管理的萌芽,其突出代表是著名的英国空想社会主义者罗伯特・欧文。他经营企业30多年,对企业的改革进行了许多试验,曾经以一家棉纱厂经理的身份,采取了一系列改善工人生活条件的措施,兴办了相应的集体福利。他的管理思想突出地在于要管理好"活机器"即工人,认为对人的管理比对物的管理更为重要。此外,查尔斯・巴巴奇也专门在《关于机械和制造的经济效益》一书中,对工厂管理进行了系统研究,提出了将管理分为制造的经济原理和制造的机械原理,对解决劳资矛盾也提出了一些办法。

总之,近代管理理论尽管还很不成熟,但是,它已经把管理作为一种理论提了出来,并且进行了一些有益的探索,这对管理科学理论体系的形成创造了条件。

三、现代管理系统的形成

现代管理理论体系，是在近代资本主义管理理论的基础上，融合了当代新的科学技术成果而逐步形成的。

19世纪末到20世纪初，随着以电力工业的出现和发展，社会生产力发展到一个新的水平，资本主义从自由竞争过渡到垄断阶段。阶级矛盾加剧，管理更加复杂化，许多管理矛盾和问题迫切要求加以解决。这样，1911年，美国人泰罗发表了《科学管理原理》一书，系统地阐述了企业管理的一些基本原理。他把"科学管理"称为是一场"全面的智力革命"。他认为在一切管理问题上都能够而且应该应用科学方法，主张一切工作方法都应当通过考察由管理人员来决定。他根据自己的实践和经验，在科学研究和分析的基础上把管理概括为四项原则：第一，对人的劳动的每种要素规定一种科学的方法，以这种方法来代替陈旧的凭经验办事和管理的方法；第二，对工人根据需要和生活条件的要求，进行科学的挑选，然后经过严格的训练，教育他们，发挥他们各自的技能；第三，与工人合作，以保证所有的工作都能按照已经发展的科学原则去进行；第四，在管理者和生产工人之间进行明确分工，分清各自承担的任务和职责，以保证管理任务的完成。泰罗在人类历史上第一次使用科学管理的概念，并建立了资本主义管理理论，它推动了资本主义生产的发展，彻底动摇了当时流行的"企业放任管理"的理论，为管理科学的发展开拓了新的道路。因此，人们把他称为"科学管理之父"。列宁也对泰罗的科学管理给予了很高的评价。他指出："资本主义在这方面的最新成就泰罗制，同资本主义其他一切进步的东西一样，既是资产阶级剥削的最巧妙的残酷手段，又包含一系列的最丰富的科学成就，它分析劳动中的机械动作，省去多余的笨拙的动作，制定最适当的工作方法，实行最完善的计算和监督制等等。苏维埃共和国无论如何都要采用这方面一切有价值的科学成果。社会主义能否实现，就取决于我们把苏维埃政权和苏维埃管理组织同资本主义最新的进步的东西结合得好坏。应该在俄国组织对泰罗制的研究与传授,有系统地试行这种制度并使之适应。"①

　　和泰罗同时还有吉尔伯斯、甘特、爱默生等一些人,他们也从不同的角度,对发展科学管理作出了重要贡献。其中,法国人法约尔第一次阐明了关于管理和协调的一系列指导原则,指出了一般工业管理的十四条原则。到了 30 年代,梅奥在美国西方电器公司的霍桑工厂进行了有名的"霍桑研究",发表了《工业文明中人的问题》一书,提出调整企业中的人际关系,提高劳动生产率为主要内容的"人群关系"的研究理论。50 年代,美国一些著名大学教授把心理学、社会学、人类学和管理学的成果综合起来,建立了关于人的行为的一般理论,产生了研究人的行为如何和为何这样的行为科学。它弥补了泰罗管理理论中的不足,提出重视生产过程中工人行为所受的感情、社会、人际关系等社会心理因素的影响。与此同时,马斯洛又提出了"需要层次"的理论,他把人的需要按发生顺序,由低至高分为五个层次,对每个层次的需要都做了充分的科学论述。50 年代赫兹伯格指出了"双因素理论"。60 年代麦克格里尔又指出了"X.Y 理论"等等。所有这些,都在不同程度上丰富和发展了现代管理理论。

　　在管理理论体系形成的过程中,最引人注目的是本世纪 20 年代,奥地利生物学家贝塔朗菲用机体论生物学批判取代了机械论和活力论生物学,建立了具有普遍意义的一般系统论。1945 年他发表了《关于一般系统论》,系统地阐述了系统论原理,试图以机体的系统论来解释生命的本质,他主要研究了机体系统、开放系统和动态系统的理论,把开放系统作为系统的一般情形,全面考虑了开放系统的输入、输出和状态等基本因素,科学地解释了与开放系统有关的稳态等终极、有序性和有限性等问题。从数学上描述了系统所具有的性质,如整体性,加和性,集中性等。

　　由于系统论的创立,给管理增加了新的思维和管理方法。1938 年美国社会系统学创始人切斯特·巴纳德发表了《管理人员的职能》一书,第一次把企业看成是一个由物质的、生物的、个人的和社会的几个方面的要素所组成的

————————————

① 《列宁选集》第 3 卷,人民出版社 1995 年版,第 491—492 页。

一个"协作系统",指出企业管理的核心问题是这些方面诸要素的协调。一个系统要作为一个整体来对待。40年代,由于系统思维的逐步发展,在英国、丹麦等国家的电讯工业部门中,为了完成一些规模巨大的复杂工程以及科学研究任务,开始运用系统观点和方法。1960年美国"阿波罗载人登月计划"的实验,涉及到120所大学和科研机构,2万多个生产单位,参加者42万人,投资300亿美元,使用600多台计算机。如此巨大的工程单靠一般化的组织和领导方法显然是不行的。于是,为了在短时间内以最少的人力、物力和投资来完成这一浩繁巨大的工程,他们运用系统思维和系统工程的方法,科学合理地进行整体安排,提出最优实施方案,才保证了任务的如期完成。

　　总之,在泰罗科学管理的基础上,经过行为科学、系统论、信息论、控制论,以及后来又出现的系统工程、运筹学等,逐步形成了现代管理科学完整的理论体系。这些管理理论,为我们进行城市的系统管理,提供了科学的理论依据。

第二节　城市管理系统

　　随着我国经济体制改革的深入发展,在改革开放方针的指引下,人们越来越深刻地认识到,先进的科学技术和先进的管理,是推动现代经济高速向前发展的两个车轮。在某种程度上,管理显得更加重要。

　　早在十月革命胜利不久,列宁就曾经讲过:"一个社会主义政党能够做到大体上完成应该夺取政权和镇压剥削者的事业,能够做到直接着手管理任务,这在世界历史上是第一次。我们应该不愧为完成社会主义革命的这个最困难的(也是最能收效的)任务的人。"①列宁把管理提到如此高度,把管理视为最困难的也是最崇高的任务,可见管理在整个社会主义建设中占据着极其重要的位置,发挥着多么重要的作用。

———————————

① 《列宁选集》第3卷,人民出版社1995年版,第477页。

现代城市是区域性的政治、经济文化教育、科学技术和金融等发展中心,它的整体管理水平高低,直接是保证整个国民经济和区域经济的发展。因此,在城市管理工作中,必须把系统管理放在十分重要的地位。

一、管理系统的重要性和必要性

什么是系统管理? 系统管理是指在系统辩证思维方法指导下,把管理对象当作一个系统整体,根据系统整体内部层次划分和结构关系运用现代管理方法和手段,进行科学的规划、组织协调,使其达到整体优化的最佳效益。

对现代城市实行系统管理,这一方面是由于现代城市在整个国民经济和区域经济发展过程中的重要作用和地位决定的,另方面也是由于现代城市结构复杂性引起的必然要求所决定的。列宁说:城市是经济、政治和人民的精神生活的中心。是前进的主要动力。现代城市是一个能量集聚的综合系统,它的容量大,要素多结构复杂,其内容包罗万象,极为丰富,在整个国民经济和区域经济的发展中起着举足轻重的作用。我们一些主要的工业基地在国民经济中发挥着重要作用的主体产业,大量的知识、技术、产业以及各种工程技术工人和技术工人,绝大多数都集中在城市。根据我国 1982 年底对 232 个城市的统计,这些城市的非农业人口占全国总人口的 10.5%,但工业产值却占全国工业产值的 73.7%,工业企业职工人数占全国的 70%,全民所有制独立核算工业企业固定资产原值占全国的 68.5%,全民所有制独立核算工业企业利润和税金占全国的 80.6%,聚集了全国高等学校在校学生人数的 93.1%和绝大多数科研机构。这就不难看出现代城市确实是经济、政治和人民精神生活的中心。它是推动国家经济向前发展的动力。现代城市的系统管理,就可以更好地发挥城市的功能和作用使它的能量能够充分的放射出来,可见系统管理是何等重要。

此外,由于城市系统整体和城市系统内部的层次和结构要素处在一种动态变化之中,它以开放的系统形态不断地同外界进行能量交换。这种能量交换的结果,使一些先进的科学技术研究成果在各个领域中不断地推广运用,它不仅促进了城市商品生产的发展,而且也使城市内部的结构及其相互关系日趋复杂化。这种复杂性,并不单纯表现在城市成为区域性的能量辐射中心,而主要表现在城市内部形成的不同层次的分系统、子系统,在这些分系统、子系统之间,以及分系统、子系统和城市整体之间,存在着十分紧密的联系。它们相互联系,相互制约,相互作用。任何一个分系统和子系统的发展和变化,都要将其能量释放到与其相关联的系统或系统要素之中。比如,城市产业结构或城市产品结构的调整,必将引起工业布局和投资结构的变化,所以产业结构、产品结构工业布局、投资结构之间,必然保持一种相互协调、合理配置的量的关系和比例;比例不协调或者上述要素配置不合理就必然要引起整体功能的失调,阻碍系统功能的发挥。再比如基础设施建设是否配套,又直接影响城市发展和人民生活。一个城市有配套的基础设施,就可以促进城市经济的发展,给人民生活带来各种方便;基础设施不配套,社会直接影响城市的发展,给人民生活造成困难。要科学地测定这种相互作用力,以便采取相应的对策和措施;依靠传统的思维方法,习惯的管理手段和办法,已经很难科学地准确地解决这些疑难课题。必须进行定性和定量的研究和分析,把系统思想、系统分析和系统工程的方法运用到城市管理中来,才能取得良好的效果,所有这些都充分说明对现代城市实行系统管理的重要性和必要性。

系统是物质世界存在的根本属性和基本方法,即自然界是成系统的,人类社会是成系统的,人的思维也是成系统的。城市作为一个系统的整体,要很好地发挥它的功能和效益,就要求我们一方面用系统的观点去研究城市,另方面用系统的方法去管理城市,只有将两者有机地结合起来,才能使城市走上系统管理的科学轨道。

二、管理系统的目的和任务

对现代城市进行系统管理,这是由于城市内部层次和结构的复杂性所决定的。它的目的主要表现在以下几个方面:

(一)管理系统的目的

通过对现代城市的系统管理,达到城市系统整体优化的目的。所谓整体优化,是指在一定的环境条件下,通过系统结构要素的合理组合,科学配置,使系统达到最佳状态,比如从城市经济发展来讲,就是要做到投入或费用最小,而产出和效益最大。从城市整体来讲,一方面要使城市系统内部有完善的自我服务功能,另方面又要充分地把城市内部集聚的各种能量释放出来,作用于城市外部环境的辐射力。它是人类运用系统辩证思维的方法,自觉地、有目的地、能动地认识和改造世界的活动。

系统优化的核心是整体优化。现代城市是一个大而复杂、目标众多的综合性大系统,要达到整体优化,就要在整体目标的指导下,协调各分系统、子系统的目标,经过协调而得到整体的最优解。在这方面,包头市从1986年以来通过目标管理,做了大量的工作,取得了显著的成绩,推动了整个城市的管理工作逐步向现代化方向迈进。为了达到整个城市的整体优化,他们把目标管理的模式按照系统整体优化的原则进行科学的设计。市里首先经过系统分析和综合平衡,在充分协调各种系统要素的基础上,首先提出全市当年的方针目标,然后市局各部门、各单位根据市里的具体构想和要求,按照自身的职能和分工,经过多次反复酝酿,指出各自目标,经市政府反复研究充分协调,确定了市局各部门、各单位的年度目标。这样,从上而下、从系统整体到系统要素形成一个严密而又互相制约的目标管理网络体系。把总目标与分目标有机地结合起来,构成一个既有相互联系,又有相互制约、相互激励作用的目标系统整体。从1986年到1988年该市每年确定总目标40项,分解到市属51个委、办、局的目标为498项,八个旗、县、区目标为124项。这样,从上到下形成多层次目标体系和相应层次管理体系,每一个层次都相对独立,为了完成目标管理规定的内容,又形成一个严密的管理体系。合理调节结构要素,做到层次优化,这就从整体上保证了全市目标的实现,使整个城市的系统整体实现优化管理。这个市1988年比1985年工业总产值净增7.3亿元,比计划增长24%;社会商品零售总额和出口商品收购总值分别增长60%和4.3倍,财政收入净增2.8亿元,增长1.2倍;劳动生产率增长 11%;资金利税率增长 21%。此外,从 1986 年以来全市还完成重点科研项目 176 项,科研成果转化率达到 70%。

(二)管理系统的任务

通过系统管理,认真分析研究城市系统的层次结构,从而通过有效的控制,达到城市系统内部结构的优化配置。

系统的结构是指系统内部各组成要素之间的有机联系和相互作用的方式。结构有稳定性、多层次性、相对性和变异性的特点。系统辩证思维告诉我们,系统越合理,系统的各个部分之间的相互作用越协调,各部分的个性发挥就会处于最佳状态。以包头市为例,从 1985 年以来,由于把系统思维引入城市管理,在城市规划、建设和管理中坚持系统分析、系统研究和系统管理的原则,并在对包头市城市内部的产业和产品结构进行大量调查研究的基础上,对今后的发展趋势和内部结构的合理调配进行了科学论证。通过分析该市的结构特征和各种优劣,看到城市的地理位置比较优越,交通比较便利,周围地区有丰富的能源、矿源和农牧业资源,经过 40 多年的发展,冶金、机械工业的基础十分雄厚。但也存在不少问题,过去 40 多年,由于实行了典型的以钢为纲的重型产业结构政策的发展模式,结果走了一条投入多、产出少、效益低的路子。产业结构不合理,重工业过重,轻工业过轻,一、二、三项产业比例不够协调,建国 40 多年国家给包头的建设总投资 75 亿多元,而城市年工农业总产值只有 30 多亿元,年财政收入也只有 3 亿多元,投入多,而产出效益十分低下。由于投资结构过分倾斜,城市的整体效益比较差,第三产业和基础设施的建设十分落后。市内电话普及率每百人只有2.56 台,一个 150 多万人口的城市,通往全国的长途电话线路只有 13 条。由于对第三产业的投入少,发展十分缓慢,给人民生活造成诸多不便。按每万名城市人口统计,有理发馆 0.7 个,浴池 0.1 个,洗染店 0.04 个,日用品修理店 8.5 个。其中从业人数每万人平均:理发业 5.6 人,浴池业 2 人,洗染 0.2 人,日用品修理业 13.1 人。因此,许多企业不得不在抓好生产发展,为国家创造财富的同时,给职工解决诸如入托难、上学难、住房难、乘车难、洗理难以及子女就业难等实际困难,使企业办成一个名副其实的"小社会"。就拿闻名全国的钢铁联合企业包钢来说,由于建设初期采取先生产后建设的指导方针,包钢建成不久就发现男职工多,婚姻问题很难解决,于是不得不在附近建立一棉纺织厂。职工结婚后要生孩子,于是不得不办托儿所、幼儿园,直到小学、中学,子女就业,一步一步形成一个封闭的企业,它们不仅要生产,还要管职工婚姻、子女入托、子女入学、子女就业,企业成为一个典型的"社会",仅每年的教育经费就投入 400 多万元,这是轻重工业不配套、市政建设不配套给企业带来的沉重的负担。针对这种结构极不合理的状态,包头市制定了"轻型双翼"的经济社会发展战略,并制定了具体的战略发展纲要,即在稳定发挥重工业优势的基础上,大力发展轻工业和第三产业,强化轻型结构。"双翼"是指:一方面要按照"轻型"的产业结构导向,进行综合体制改革,建立与之相适应的城市管理机构;另方面积极引进国内外资金、人才、技术和设备,加速潜在优势的转化,从而使整个城市内部的结构逐步趋于个性发挥的最佳状态。实践的结果,这几年包头市的轻工业产业产品明显发展,特别是第三产业和市政基础设施的发展和配套建设,使人民生活诸多不变的一些问题开始得到缓解。

(三)管理系统的作用

协调地发挥城市功能,增强城市系统对周围经济区域的吸引力和辐射力。

现代城市是在一定有限的空间里非农业的商品经济的高度聚集体。这个高度聚集体,由于通过系统的科学管理,使系统要素和结构得到协调发展,从而实现系统整体的优化。而系统整体的优化,使城市功能得到发挥,就必然增强城市对周围区域的吸引力和辐射力。这里我们说的吸引力,是指一个城市对经济区域、国内外市场的资金、人才、技术、信息、工业品购买力乃至旅游者的吸引能力。辐射力是指一个城市把自身的商品、资金、技术、信息等以物流、人流、信息流的形势向经济区域、国内外市场扩散而产生影响的大小强弱程度。城市的吸引力一般来讲是由城市内部的人才、经济技术实力,以及市政建设要素、生态环境要素、资源配置要素、地理位置要素等构成的,这些要素结构的优化,就会增加城市对外界的吸引力。形成强大的功能优势。这种功能优势突出地表现在以下几方面：

雄厚的物质基础和具有发展优势的产业结构，形成强大的生产能力。据 1981 年统计，我国上海、天津、北京、沈阳、武汉、广州、大连、重庆等 17 个城市，人口总数不到全国的 10%，而工业总产值达到 2028 亿元，相当于全国工业总产值的 40%。17 个城市国营企业上缴的利润 220 多亿元，占全国国营企业上交利润的一半以上，财政收入相当于全国财政收入的 39%。一些主要产品如钢铁、机床、电视机占全国总产量的 50%—70%。

地理环境和公用设施结构的完善配套。一个城市由于本身的生产和生活消费，以及生产上的分工协作的需要，不断促进与它相关地区的原材料、燃料、初级产品的生产，因此一般都有优越的自然条件和地理环境要素，而且交通等公用设施的结构比较配套和便利。

发育完善的科学教育结构。1981 年我国共有高等院校 704 所，而上述 17 个城市就有 367 所，占全国的一半以上。武汉现有高等院校 27 所，在全国现有院校的 450 个专业中，武汉就有 300 个。

从上面这些简单的分析中，我们可以看到，在城市这个系统整体中，只有通过系统管理，使系统内部各要素做到结构优化，整体配套，就可以大大增强城市的吸引力和辐射力。例如上海非农业人口 622 万，只高于天津的 1 倍，但它的财政收入却高于天津的 3 倍，高于全国平均水平的 34 倍。它的产品技术、人才辐射到全国各地。

城市系统管理的目的主要表现在以上几个方面。城市系统管理的任务，就是通过经济的、法律的、行政的手段，运用系统分析和系统工程的方法，科学地搞好城市的整体和部门规划，实现现代城市内部的产业结构；按计划搞好城市建设；坚持城市的改革开放，发展和完善市场体系；发挥城市的社会效益、经济效益和环境效益，完善城市的系统功能。

三、城市管理系统的职能

现代城市系统管理职能，是指城市政府及城市的管理部门和机构，为了实行有效管理所必须具备的功能和作用。

根据马克思主义理论关于管理的二重性的原理,管理既有一般职能,又有特殊职能。所谓一般职能是指由城市的各种活动,特别是劳动社会化产生的、属于合理组合社会化活动的管理职能。所谓特殊职能是指由这些活动过程的社会性质产生的管理职能,管理就是为了协调社会活动,为了维护一定生产资料所有者的利益。由于管理是为了满足这两个方面的必要性产生的客观要求,才具有各种职能。如果没有客观要求,管理活动就不可能产生,当然也就无所谓职能了。

现代城市系统管理的职能,主要表现在以下几个方面:

(一)战略决策

制定战略决策,是城市系统管理的重要职能。它是城市系统管理的最高层次。战略决策就是在对城市系统环境分析的基础上,依据实际情况和客观规律,经过科学论证,对城市、经济、政治、科技、社会和发展的战略、目标、方针、策略作出正确科学的决定。

城市是个人工系统。它的最大特点就是有明确的目的性。为了达到城市的具体目的,就要制定城市的战略决策。它是为了达到城市的具体目标所进行的对自身行为的选择。所以战略决策应当是城市系统管理所必须具有的基本行为。

(二)规划决策

城市规划是城市在一定时期内发展的目标和蓝图,是城市建设的综合部署,也是城市建设和管理的依据。它的基本任务就是根据国民经济发展的具体规划,在全面分析和研究区域经济的基础上,利用城市现有的各种条件,确定城市的性质、规模、发展方向、整体布局,协调各方面在发展中的关系,统筹安排各项建设,使整个城市的建设发展,达到技术先进,经济合理,"骨"与"肉"协调,环境优美的综合效果,为城市人民的居住、劳动、学习、休息、交通、环境以及各种社会活动创造良好的条件。因此,规划是城市系统管理的重要职能,是城市战略决策的具体化。

（三）组织协调

为了实现城市系统管理的规划和战略目标,就要把城市系统内管理的各种要素、各个环节,以及同城市外部相联系的部门组织起来,以一定的结构方式,协同努力,完成预定的管理目标。组织是系统管理的一个核心职能,起着承上启下的作用,它包含的内容也相当广泛。只有应用系统分析的方法,建立合理的组织结构、明确各个组织结构的作用、分工、职能、权限才能有效地实现管理目标。

在现代城市的系统管理中,由于要素繁多,部门分工日益复杂,在商品经济发展过程中,又存在着各种利益关系,这就要求必须加强协调工作。管理首先是为了协调城市系统中各要素关系才起到必要的、协调的职能作用,一方面是为了建立正常的城市经济关系和社会秩序,保证社会活动和经济活动在空间上的合理分布,在时间上的紧密衔接;另方面是为了建立各种量的平衡关系,这是城市系统正常运行的基本条件。

（四）监督控制

监督和控制就是在城市系统的具体计划、规划、各项具体计划目标的实施过程中,通过一定的组织结构和手段经常检查执行情况。把执行情况同实际预定的目标、规划、计划、制度等进行对比,然后找出问题和偏差,分析发生问题和偏差的原因,及时采取纠正偏差的措施,或者通过一定的途径,对不切合实际的预定目标、规划、计划制度等按照一定的程序进行适当修订,从而达到通过监督控制,提高管理水平的目的。

（五）提高素质

在现代管理中,管理的主体和客体都是人。人是最宝贵的资源,是生产力诸要素中最为活跃的因素。现代城市管理中研究的中心同样是如何实现对人的科学管理。进行智力开发,提高人的素质,是提高生产力的重要保证;不进行智力开发,不提高群体管理意识,就很难提高整个城市的系统管理水平。随着现代科学技术的蓬勃发展,对生产者和管理者的素质要求越来越高,没有一定的科学技术知识是不可能适应现代管理需要的。因此,为了适应形势和发展的需要,必须把开发智力、提高管理者的素质作为城市系统管理者的重要职能之一。

(六)执法和教育

城市是一个整体,这个整体要进行有秩序的运转,除了按照客观规律办事以外,对城市活动主体的人,以及处理人与人之间、单位与单位之间、单位与人之间的关系,还必须有严格的法律、法规和制度作为调节手段,规范各种行为。这就要求在城市管理中,必须在管理职能上,一方面要严格执行国家规定的各种法规,另一方面又要根据城市自身的实际情况,制定和完善各种必要的管理制度和办法。没有法律、法规、纪律和制度的约束,城市秩序就会陷入混乱,就失去了规范人们行为的标准,因而城市管理必须把执法与对人口法制观念的教育作为经常性的任务来抓。执法的职能是多方面的,它包括认真贯彻落实法律、各种行政法规,对整个社会正常秩序进行维护和管理,依法对坏人进行处罚等等。

上述几种城市系统管理职能,在管理中是统一的,并且相互连接和相互作用,形成一个职能作用系统。在空间上,在系统的各要素、各层次中,这些职能是并存的;在时间上,它们在各个管理环节中是按顺序运行的,并互为因果、互相制约。它们的统一运用,构成了管理活动和管理过程。

(七)掌握重要工程速度,及时发现和处理意外事件

(八)加强学习现代管理思想,方法,加强自我调控,达到率先垂范、不贪财,如果这些做不到,其他各条都将是空话。毛泽东曾经指出,领导者的责任是二件事,一是出主意,二是用干部。战略和目标的规划,是"出主意"中最根本的主意,其次是制定各行各业中的规范及其法律体系,这是领导者的第二个天职,这二项可合为"出主意"一项。最后一项就是用富有改革思想的人去创造一个科学的市场经济体系,也就是构造一个科学的管理体系。作为一个现代领导者,不必要也不可能事必躬亲,一切大小事情都管。一竿子插到底,反而会干扰系统工程这个"管理场",破坏这个系统功能。我们常讲想大事,议大事,管大事,我以为大事就是那么二三件。

四、城市管理系统的特征

现代城市的层次结构比较复杂,组成要素之间的联系十分紧密。要使整个城市做到系统管理,就必须对城市系统管理的结构层次和特征进行科学分析和研究。实践表明,只有建立和完善合理的系统管理层次结构,才能充分发挥城市的各种管理职能,有效地保证城市功能的发挥。

系统辩证思维告诉我们,层次结构具有客观普遍性。在任何系统中,整体性、结构性、动态性、开放性、预测性等都是有层次的,都具有层次性特点,整个世界是一个由各类型系统和不同等级的系统所构成的世界,即物质世界是系统的,系统物质内又存在着无限多的层次。全国是一个庞大的社会系统。它可以分成中央、省(自治区)、地、县(市)等若干相互制约的管理层次,每个层次又都有各自的层次结构和功能。现代城市要做到系统管理,同样要按照系统具有层次结构的客观普遍性这一规律,科学地划分系统管理的层次结构,明确每个管理层次的职能和分工,这是实行科学的系统管理的前提。比如说,大城市由于人口密集,经济高度集中,同外部环境联系十分广泛,系统结构十分复杂,具有多样性的具体功能,因而相应的管理层次也较为复杂一些,而中小城市则相对要简单一些。但不论大城市也好,中小城市也好,管理都具有层次结构的特点。一位市长不可能事无巨细地处理发生在每一个微间领域的问题,而是要有组织、有领导地通过各种中介层次的系统管理,来了解情况,运筹帷幄,制定政策,指导工作。所以,现代城市系统管理的层次结构具有客观普遍性。

按照系统辩证思维,系统管理的层次结构,实质上也就是城市管理过程中形成的一种等级管理秩序。任何一个复杂系统,都可以从纵向把它划分为若干个等级,即系统整体存在着不同等级的层次结构关系,其中低一级的系统结构是高一级系统结构的有机部分。高一级的系统结构又是更高一级系统结构的有机部分。层次不同,作用的范围也不同。因此,不同层次的系统内部、系统之间、各系统内部层次结构之间都有着相互联系、相互作用、相互转化的差异运动。这就要求我们在城市系统管理中,既要看到系统管理的层次结构的普遍性,又要看到不同等级管理具有的共性和个性,既要看到它们之间的相互联系,又要看到在一定的条件下,它们之间功能的相互作用和转化,从而采取不同的手段和方法,从中找出规律性的东西,以便更好地去认识和观察城市,能动地建设和管理城市。

要系统地管理好城市,除了要合理地划分城市管理层次之外,还必须认识城市的系统管理结构,并根据具体要求,优化城市系统管理的结构。我们知道,结构是客观事物诸因素有机联系、相互作用的内在组织形式,是事物的普遍属性。从宏观世界到微观领域,从一个城市整体到一个具体企业,直到每个家庭,都有各自的模式和特征。城市是一个综合社会系统,由经济、社会、政治等若干分系统组成。企业是一个以生产和创造力为主的系统,它由生产、计划、销售、财务以及其他要素构成。家庭是社会的细胞,由父母、子女构成。由于系统功能不同,构成要素也不尽相同。结构模式有明显的差异性。

由于运动是物质的根本属性,系统的组成结构受多种要素的制约和影响,处在一种不断的动态变化中,必然会引起事物形态和性质上的改变。这是客观事物发展、变化的普遍现象。以此类推,在任何一个自然和人造系统中,如果构成系统的诸因素和层次结构的排列组合方式发生变化,就会引起整个系统的性质和功能的变化。它足以说明,对一个系统来讲,系统的结构往往决定系统的性质和功能。因此,要使整个系统实现优化,就要使系统结构合理、科学。城市系统管理承担着整个现代城市的组织、协调、各种机制合理、科学运转的职能,系统管理的结构科学合理,其重要性是显而易见的。

一般来讲,管理系统的结构主要表现在以下几个方面:一是系统的组成结构,即一个系统由几个分系统组成,这些分系统一般也称为系统的组成要素;二是系统的职能结构,即各个子系统之间的联结方式,或相互联系,或相互作用;三是数量结构,即各分系统之间的数量联系关系。在任何系统的结构中,起主要作用的是联结的结构方式。联结的结构方式一般可分五种基本形式:

（一）串联耦合方式：（如图）

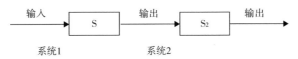

（二）并联耦合方式：（如图）

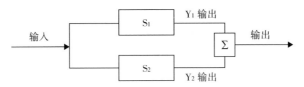

（三）反馈耦合方式：（如图）

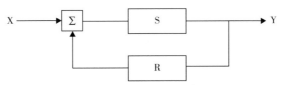

（四）串联反馈耦合方式：（如图）

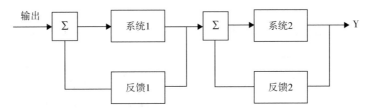

（五）并联反馈耦合方式：（如图）

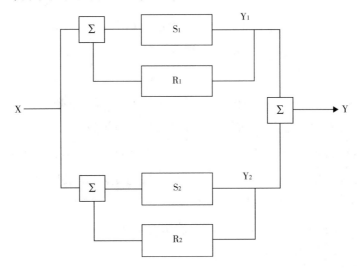

以上这五种结构形式,最基本的是前三种。各种复杂系统的结构联结方式,都是由这三种组合方式演变发展而成的。现代城市系统管理的一般结构,从动态的运行角度来分析,一般主要由四个分系统组成:

规划决策分系统。规划决策在城市系统管理中占据着极为重要的位置。对现代城市系统来说,规划是指研究城市未来发展,探索和研究城市合理布局和综合安排城市各项建设项目的长期计划,是一定时期内城市发展的蓝图,是城市建设和管理的依据。要建设好城市,必须要有一个统一的、科学的城市规划,并且要严格地按照规划来进行建设。因此,规划具有权威性。决策亦称决定,即对未实践的方向、目标、原则和方法的决定,一般是指对政策和重大措施的研究、判断、肯定或否定的过程。规划和决策往往是很难分开的。规划的制定往往是以决策为前提。规划决策的主要作用和功能是确定系统管理的具体活动目标,制定和选择实施的最优方案,研究和确定达到具体目标的手段、方法和途径。可以说,规划决策处于现代城市的系统管理最高领导层。它要依据系统外部输入的各种信息,以及根据内部对信息作出的反馈来作出管理决策,科学地确定系统管理的具体目标。

执行分系统。规划决策的目的在于实施。执行分系统就是依据城市系统管理的规划决策,来组织规划或计划的具体实施。它的主要功能是将规划决策分系统发出的信号指令,在具体职能部门组织实施。执行分系统是城市系统管理的一个重要中间环节。恩格斯指出:一切差异都在中间阶段融合,一切对立都经过中间环节而互相过渡……,并且使对立互为中介。列宁也指出:一切都是互为中介,连成一体,通过转化而联系的。只有通过执行分系统的具体实施,规划和决策才能变为现实,因此,它必须能动地、高效率地运转,通过严格的系统管理,才能完成规划的任务。

监督控制分系统。监督和控制是两个相近的机制。监督一般是指监察与督导。控制是要使被控物体适应外界条件的变化,使某种功能达到可能的相对更好的状态,或向某种预期功能发展。在城市系统管理过程中,监督和控制发挥着相互作用,使城市功能健康有效地发挥作用。它的主要功能是考察规划决策执行的结果,其中包括规划决策前的监督控制、规划决策执行过程的监督控制和规划决策执行结果的监督控制。其具体表现为:对目前执行情况进行考察,并按照现行决策系统确定的目标与效率,进行分析和比较;提供反馈信息,及时采取措施,对发生的偏差或出现的问题加以纠正和适当调整。采取这些措施的目的,就是要保证城市系统管理整体目标的实现。

信息分系统。它的主要功能是将城市系统管理中的各要素相互联结,在各分系统中起传输线的作用,这是由信息的客观物质性所决定的。作为客观事物运动状态的表征,信息所反映和包含的是事物运动的方式、规律。也就是说,世界并不是如传统认识所说明的只含物质、能量两种因素,而是还有信息存在。物质、能量和信息是构成客观世界的三大要素。这三个要素彼此密切联系不能孤立存在。所以信息分系统在城市系统管理中以物质和能量为载体,发挥着十分重要的传输线的作用。

由规划决策、执行、监督控制组成的三个系统,由信息系统把他们联结起来:(如图)

它的联结结构是;

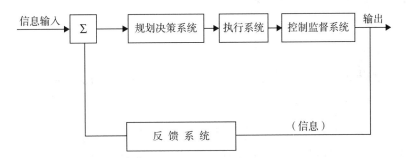

从上图中我们可以看出,在城市系统管理这个大系统中,既有串联、并联方式,又有反馈方式。其中规划决策系统、执行系统、监督控制系统是处在连续循环之中,而信息系统则相当于这个连续循环中的传输线。

如果我们再从纵向来考察城市的系统管理结构,就单个城市来讲,它的系统管理又分为四个不同的层次,呈宝塔尖状:(如图)

　　决策层。它处在管理的最高层次,其负责人是市长。主要功能是确定城市的具体目标,制定实施目标的方针、政策,运用各种管理手段,包括行政的、经济的、法律的手段来调控城市经济和社会以及其他分系统的正常运行。

　　管理层。它是由政府各职能管理部门及所属区、县政府组成。它的主要功能和作用是发挥中介作用,承上启下,负责对全市各行业和地区的目标组织实施和管理。对于一些大城市来讲,管理层往往又是一个完整的体系,既然是完整的系统,其内部就有一整套完善的结构,和相应的组合要素。对于这样的城市,它具有决策和管理的双重层次作用。对于大系统来讲,它是一个管理层;对于自身系统来讲,由于结构要素有一定的复杂性,因而就具有一定的决策作用。所以对于具体城市,应当作具体分析。这样做的目的,是为了使层次和系统具有的作用更加科学化。

　　执行层。它是由一个城市内部的各企事业基层单位组成。他们是执行决策层发出的各种指令的义务主体,具有管理者和执行者的双重特点。

　　操作层。它是由活动在各社会组织体内的人员所构成。管理者通过多种有效的管理形式,把各种指标分解落实,并用责、权、利相结合的方式调动他们的积极因素,促使他们完成各自承担的指标和任务。操作层的管理和结构如何,关系极大,因为不论是城市的决策、管理、执行等各个层次,最后作用的结果都要它去实施,而实施的结果如何直接关系到整个城市的具体目标的实现。所以对操作层功能以调动和发挥人的能动性、主观创造精神为主要内容，充分发挥他们的聪明才智。它是实现具体目标的基础。

现代城市不仅具有发展生产的功能，而且还有产生聚集社会效益、经济效益、环境效益的功能。而城市的系统管理的作用，就在于使整个城市系统能动地不断强化这些功能。城市系统管理的功能和作用的发挥，取决于系统管理要素的结构及其机制的合理性。因此，使城市管理内部结构和运行机制的合理化、科学化，是城市系统管理的重要任务。

城市这个复杂系统，在某种意义上可以看作是国家大系统的一个缩影。这是因为，尽管它在地域、人口、生产力布局等方面远不如国家那样综合、复杂，但几乎涉及了国家管理这个大系统的所有方面。如果将它作为一个独立的系统去考察，可以看出，它除了具有系统一般的整体性、目的性和层次性、相关性等特性之外，还具有以下几个主要特性：

二重性。任何管理都具有二重性。即：既有同生产力、社会化大生产相联系的自然属性，又有同生产关系、社会制度相联系的社会属性。马克思主义关于管理二重性的原理，同样适用于城市的系统管理。这是因为，现代城市是一个由各种自然因素和社会因素相互结合而构成的复杂的有机体。整个城市系统管理的运行，从根本上说来，就是城市各自然要素，尤其是生产力各要素——人、劳动工具、劳动对象资本和信息等互相结合，不断调整、合理配置的过程，也是各社会因素之间的利益、矛盾协调的过程。

复杂性。现代城市是一个由多种要素构成的复杂的有机体。这种客观现状使得城市的系统管理必然要涉及到城市的各个领域、各个方面，包括政治、经济、科学、文化、教育、市政建设、环境、人口等各个方面。而这若干个方面又自成系统，各自又包括着许多构成要素，各要素之间又以一定的结构形式相互作用。同时这些要素又都是变量的，比如人口，从自然形态来讲，有生、老、病、死的过程发展，从每个发展过程来看，又都需要社会给予提供各种实际需要的可能。孩子大了需要上学，上学需要有学校和教师，之后又要就业、结婚、生育，这又需要一系列的社会公共基础设施为其提供保障，因此每个系统的构成要素都是一个变量，始终处于运动发展和不断变化的状态之中。城市系统管理就是在这种变量要素的共同作用下运行的。为了管理好城市,面对这种复杂局面,我们不仅要从整体上把握现代化城市的复杂性,还要研究每个要素的变化及其对系统关系和系统要素发展的影响,以及各要素之间的相互关系,从而掌握其变量的规律,采取合理的结构方式,把各种要素有机地结合起来,更好地发挥它的整体功能。

封闭性。现代管理具有封闭的特点,即它有一个封闭的回路。任何一个系统内的管理手段必须构成一个连续封闭的回路,才能形成有效的管理运动,才能自如地吸收、加工和作功。这种封闭回路的基本构成如前所述,主要表现在以下几个方面:

首先是管理职能的封闭。管理有多种职能,各种职能之间既有联系,又有区别,形成一定的相互制约、互为因果的封闭回路。比如,规划决策→协调→监督控制→规划决策,不存在一个绝对的起点或绝对的终点。再比如,管理系统的封闭回路的基本构成,是由规划决策(即指挥)机构、执行机构、监督控制机构和反馈机构所组成的。指挥中心发出的指令是管理的起点,指令一方面下达给执行机构,一方面又发向监督机构,而指令的执行情况和效果又输入反馈机构。反馈机构对各种信息经过整理加工处理之后,在比较效果与指令的差距后,反馈给指挥中心。指挥中心根据得到的信息,发出新的指令。这样管理过程在封闭的回路中不断震荡,推动管理向前发展。

其次是管理体系的封闭。在管理组织机构设置中,对系统内横向上一层次各要素之间,以及层次内部构成要素之间都应当形成一个互相制约的封闭回路。比如,执行机构必须准确无误地贯彻决策机构的指令,执行情况的如何又要有监督控制机构来保证指令的准确执行。没有准确无误的执行,也就不可能有正确的输出。为了检查输出的情况,还应当有相应的反馈机构。而只有单向的输出,无从知道决策与执行情况是否正确,于是,决策层、管理层、执行层、反馈层就要构成一个封闭的回路。管理体系上的这种封闭,要求每个层次之间相互作用、相互制约,一种责任得到另一种责任的检查,一种权力接受另一种权力的制约。所以,只有封闭的系统管理体系,才能变无效的管理为有效的管理。

管理法规和制度的封闭。现代城市的系统管理,要求从传统管理走向科学管理的轨道,而科学管理的重要内容之一,就是要通过法律、法规和各种制度的约束力,来达到管理的目的。这种管理,不仅要求有尽可能完整的执行法,而且也应当有监督法和反馈法。法不封闭亦等于无法。只有同管理一样,构成一个封闭的法网,才能做到依法办事,疏而不漏。即使管理中的经济责任制这种形式,也是一种封闭的有效的管理法。因为责任制的系统核心是责、权、利相结合,这也是一种封闭。有一定的责就必须有一定的权,没有一定的权力保证责任也很难实现,而承担一定的责任,有一定的权力,同时又要有一定的利益。所以,这三者是互相制约的,相互作用的,缺一不可。如果缺少一方,或者三者之间接合不紧密,都会阻碍人们积极性的发挥,成为一种低效率的管理。

综合性。城市系统管理本身就是各种要素的结合体。它的综合性反映在空间分布上,有城市各分系统的排列和布局,其中包括工厂布置、城市各种公共基础设施的排列组合;表现在时间上,有长期、中期、短期规划和年度计划;在管理形态上,有城市经济管理、城市道路交通管理、城市规划建设管理、城市文化管理、城市人口管理等,所以,其内容既广泛又丰富,具有综合性的特点。

开放性与动态性。城市是一个开放的系统,不开放也就不会有城市,更不会有城市的发展。现代城市的开放性,有着更加重要的意义,不论从完善城市的自身功能,还是同外部环境的联系,都表明它是一个社会发展的必然经历。原始社会、奴隶社会、封建社会都由于自然经济占主导地位,因而城市开放的程度不大,随着工业革命特别是新技术革命的发展,各种新技术、新工艺互相渗透,极大地推动了经济的发展。只有开放才能不断地增大信息数量,多方面掌握经济、技术以及其他方面的发展资料,促进城市系统整体的发展。把城市封闭起来,不仅违背主观事物的发展规律,也等于把城市发展引入死胡同。只有通过交流,才能使城市逐步成为一个有着旺盛生命力的系统整体。动态性则是指系统管理的构成要素不是一成不变的,而是在系统整体与系统要素的相互作用下,处在一种不间断的运动变化之中。

城市系统管理就是在各要素的不断运动中,达到管理的各种条件与管理目标的动态平衡。

社会性。城市系统管理的社会性,是由城市管理的内容来决定的。一般来讲,广义的城市系统管理,是指在城市政府法定的职责范围之内,对城市的各项经济活动进行科学有效的宏观控制、指导和调节;对城市人口生产实行严格的计划控制;对城市的精神文明建设进行正确的指导、管理和调节;对城市人民的物质生活提供完善配套的服务。而狭义的城市系统管理则是指对城市各项公共事业、公共设施和公共事务的管理,它主要包括:城市规划的制定和实施;各种法规的制定和监督执行;城市各项基础设施的建设和管理;城市公共生活服务设施的建设和管理,以及城市环境保护、社会治安和公共秩序、财政、税务、工商行政等其他社会公共事务和公益事业的管理。从上面这些分析我们可以看到,不论是广义还是狭义城市系统的管理,它的工作内容同城市人民的生活息息相关,因而城市系统管理有着广泛的社会性。

五、城市管理系统模式的一般概述

现代城市要做到系统管理,就必须有一整套科学合理的、相互配合、相互制约,而又始终保持结构严谨、信息畅通、高效率、运转灵活的组织管理机构。这是对城市进行系统管理、发挥城市系统功能和作用的重要前提。

(一)城市管理模式类型

现阶段的组织结构模式大体有以下四种:

1. 直线型

这种管理组织结构方式,是把各个层次的管理机构按等级序列置于一条垂直线上,由最高层到最低层,依次逐级排列,下级接受上级的领导,上级对下级执行全部领导职能,责任和权限明确,信息一般沿着垂直线上下传递。这种组织管理结构比较简单,指挥命令系统单一,但随着现代管理层次和内容的复杂化,它的运用范围逐渐减少。

2. 职能型

这种结构方式是在一个领导管理的系统中,按照不同职能组成专门的组织结构,凡与完成此项职能的有关的部门和工作人员,由该组织机构管辖。该机构的领导者对其职权范围内的所有问题拥有指挥权,各部门在其业务范围内有权向下级发布命令和下达指示,下级既要服从上级主管人员的指挥,也要听从上级各职能部门的指挥。这种组织形式能够适应管理活动复杂化的需要。由于实行了管理分工,各个管理者只负责某一方面的工作,这就为发挥专业管理人员的作用创造了条件。但这种组织结构往往造成多头领导,妨碍统一指挥的原则,因而很容易产生管理上的混乱。

3. 混合型

这是指直线型和职能型组织结构形式的相互融合,形成一种新的组织结构模式。它是以直线型为基础,每个环节又设若干职能部门,职能部门拟定政策、方案等,由直线管理的领导人批准并下达给下级机构。它既协调了横向关系,也协调了纵向关系,使同一层次的各职能管理机构在同一领导的指挥协调下分工协作。

4. 矩阵型

矩阵是一个数学概念。数学上把多元素按照横行、纵列排成一个矩形,称为矩阵。这种组织结构是由纵横两套管理系列组成的方形结构。一套为职能系列,另一套为完成某一任务而组成的项目系列。它的特点是当一个管理系统中有一临时的重要任务时,领导者就任命一个人负责,并从各有关职能机构中抽调干部去执行,任务完成之后,又复归到原来的部门。这种结构适用于一些临时的任务,但由于实行多重领导,往往造成了组织管理的复杂性。

现代城市的发展,使它成为一个综合性的大系统,具有多功能的作用,这就要求我们在分析和研究现有的组织结构模式的基础上,不断探求科学合理的城市管理结构模式,这是一件很有意义的工作。

(二)我国城市管理模式中的问题

按照现代城市系统管理应当具有的组织结构模式,我国一些城市的现行管理中存在不少弊端,大部分仅有执行系统和不健全的规划决策系统,而监督系统、信息反馈系统很不完善,相当一些地方没有形成一个封闭回路:(如图)

输入──→规划决策系统──→执行系统──→输出

这种很不合理的组织结构存在不少问题,造成城市管理中的许多漏洞,结构要素的不合理,要素作用的相互抵消,从而影响了城市工作的开展。

首先,管理层次不明确。由于组织结构不合理,造成管理层次不明确,各个层次的功能、秩序、规范、标准和职责不清楚,使得管理机构中人浮于事,效率低下,遇事互相推诿的现象时有发生。

其次是管理不封闭。由于统筹考虑不够,缺少信息反馈,监督系统和其他系统形不成封闭的管理体系。有时再加上职能不清,使得一些反馈、监督系统的功能还要由执行系统代为行使,这就形成了一种自己执行、自己检查,缺乏约束力,从根本上削弱了管理的职能和作用。

三是管理手段和方法落后,信息闭塞,职能管理脱节。长期以来,由于我们在城市系统管理中,没有逐步健全必要的信息管理系统、监督控制系统,因而管理手段和管理方法都比较落后,一些中、小城市尤为突出。比如,城市建设中的规划和建设分属不同的部门管理,缺乏统一的协调和必要的管理,造成规划和建设的脱节,规划的权威性、法规性宣传很不够,发挥不出应有的聚合能量。至于城市的综合管理职能发挥的就更差了。这些都阻碍了我国城市系统管理水平的提高。

四是政出多方,条块分割,这是当前我国城市管理中的突出矛盾。相当一些城市内部,工业企业按隶属关系有的条条自成体系,有的块块自成体系,这就给一个城市的系统管理带来了许多难以解决的矛盾。像包头这样的城市,人口130多万,在工业企业中,有中央有关部委管理的企业,有内蒙古自治区有关厅局管理的企业,又有市属企业,形成三个条条管理体系,市里很难协调管理,进行领导规划,而企业也有自己的苦衷。这种情况,往往割裂了城市内部各系统和要素的联系,使物流、人流、信息流流通不畅,造成城市系统管理的不协调。

五是干部管理的不规范。

六、系统辩证思维和城市管理系统模式设计

城市是一个开放系统,城市管理系统也是一个开放系统。它不断地吸收来自各个方面新的管理思想和科学技术成果,丰富、发展和完善自己,使自身处在一种动态变化之中。在发展社会主义市场经济的过程中,由于经济形态和结构的调整和变化,并从我国的实际情况出发,建立科学而又合理的城市系统管理组织结构模式,把宏观调整和微观搞活有机地结合起来,是摆在我们面前的一件具有特殊重要意义的工作。

管理结构模式是指在一定经济发展形态指导下,管理要素本身及其各组成部分分工合作、相互协调的方式。它的作用在于建立和维持一个高度严密、高效率的实现管理目标的组织机构,把管理组织范围内的各个人,包括领导者和被领导者,各个部门、各个环节的活动,按照一定的方式联结起来,使其协调一致地完成共同的目标。

城市管理系统的模式设计,必须遵循一定的思维方法。只有运用系统辩证思维,对城市管理系统的要素进行综合分析和系统研究,才能够系统地把握城市系统模式设计的基本原则、领导模式和宏观调控模式。

(一)确定城市管理模式的基本原则

建立城市管理系统的组织结构模式,必须遵循一定的基本原则。因为组织结构模式制定是一项十分严肃的工作,它是关系到整个城市系统功能的发挥;关系到城市内部各组成要素科学合理的运转,能量的输出和输入;关系到整个城市系统处在一种始终开放的状态,关系到能够同系统外界进行必要的物流、人流、信息流的能量交换。为了减少盲目性,增强自觉性,提高管理水平,建立健全城市系统管理组织结构模式,应当遵循以下原则:

1. 统一指挥原则

任何一个统一整体的组织,为了使系统内部各组成要素协调一致活动,

必须坚持统一指挥的原则。列宁说,任何大机器工业——即社会主义的物质的、生产的源泉和基础——都要求无条件的和最严格的统一意志,以指挥几百人、几千人以至几万人的共同工作。可见,统一指挥在工作中是多么重要。

一般来讲,统一指挥包括两个方面的内容:一是要有实行统一指挥的机构,即机构的职能要有明确的划分,不能相互交叉重复;二是指领导者的统一指挥,即任何一个组织成员在进行某项工作时,只应当接受一个人下达的指令。如果同时接受两个人的指令,而且往往两个人的意见不一致,必然会引起混乱,使被领导者感到无所适从,这是妨碍组织效率,破坏组织秩序的重要原因之一。一个城市只能有一个市长,一个企业只能有一个厂长,他们在各自分管的范围内,按照层次管理的原则统一指挥,行使自己的职权。但往往有这样的情况,一是越权指挥,市长越过主管局长,直接指挥厂长,厂长越过车间主任和班组长,直接指挥第一线的操作工人,这种状况给管理带来不必要的混乱。第二种情况是多头领导,组织机构重叠,对同一个下属拥有同样的职权,这就必然产生双重领导。领导者同时发出指令,有时指令不一定都一致,即使稍有区别,也会使被领导者处于无所适从的地位,这就大大影响了工作进程。还有一种情况是政出多门。造成这种情况的主要原因是职能部门的职责不清,同一项工作反复安排部署,下达工作指令等等。因此,我们在研究和制定城市系统管理的组织结构时,必须坚持统一指挥的原则。

2. 分级层次管理的原则

系统层次的存在具有客观性和普遍性。分层次、按等级序列进行管理是实现城市系统管理的重要原则。它是从城市的特点出发,从纵面分为若干层次或等级,各层次分别对上一级负责,每层所管的业务性质与下层基本相同,但其管辖范围随层次等级的降低而逐步缩小。分级层次管理一定要科学合理地划分等级层次,管理层次减少,会增大管理幅度,妨碍管理的有效性。因此,为了有效地进行管理,一定要从实际出发,只设置必要的管理层次,这样可以减少管理人员,信息沟通也比较快,便于上下沟通;同时要做到逐级指挥、逐级负责,每个管理人员只能对自己管辖的范围和人员发出指令。有些地方和单位在设立管理层次时,不是根据有效的管理幅度和科学合理的分工,而是凭主观随意的构想;不是为了提高管理工作效率,而是多设几个职位以安排干部,结果造成了工作松松垮垮,人浮于事。许多地方临时机构多,主要原因也就在这里。

3. 统一目标原则

实行统一指挥的层次管理,其目的是为了将目的和任务转化成一个地区、一个单位全体成员上下一致的明确目标,大家都为某个目标而工作。目标明确,步调才能一致,既有利于上层对下层的领导、检查和考核,也可以减少一个地区或单位内部的矛盾和人力、物力的浪费。

统一目标是管理工作中一项很重要的原则。但统一目标必须有相应的保证体系和科学的管理手段,比如,对一个地区、一个单位的总目标要实行科学的分解,形成一个上下贯通的网状结构,使每个层次的目标都成为上一层目标实现的重要组成部分。同时还要有严格的责任制加以保证。分解的目的在于落实,调动各方面的积极因素,因此,目标的分解、目标的完成、目标的考核,对责任人的奖励和惩罚,都要形成一个互相制约的保证体系。这就是封闭的管理回路,是目标得以实现的保证。

4. 责、权、利一致原则

责是指责任;权是指权力;利是指利益。任何管理,都应当做到这三个方面的协调和统一。有一定的责任,就必须有一定的权力。当一名市长,就必须赋予他相应的权力,否则,他的责任很难实现,承担一定的责任,就要拥有一定的权力,这是完成目标的重要保证。但实际管理当中,往往有这样的情况,责任大,但权力小,或者有责任而无权力,这样就会使下属不能依据实际情况灵活地处理自己职责范围内的问题,工作的积极性、主动性、创造性也不可能得到充分的发挥。反过来,如果权力大,而责任小,或者无责任,就必然要助长官僚主义和瞎指挥,权力如果不受约束,就会给工作带来严重的恶果,现实生活中的许多事例说明了这个道理。要想使责、权、利相一致,就必须做到:首先,责任和权力应该是对等的。在一般情况下,承担一定的责任,就必须有相应的权力,上级不应当过多地随便干预;其次,一个管理组织的负责人可以把部分权力下放给下级管理人员,但这并不能说明减少了他对上级组织应负的责任,所以,他必须通过严格的检查和指导来履行自己的职责;第三,任何人不能有职责之外的权力,权力总是有限度的,超过了自己的权力,就必然要出现滥用权力的现象。

(5)坚持从实际出发原则

任何组织的层次或结构模式的确定,都应当从实际出发。这是因为,现实生活中的事物总是形态万千,各不相同。就城市来讲,有百万以上人的特大城市,有人口在50万以上的中等城市,也有人口不足20万的小城镇。即使是百万以上的特大城市,也不是都在一个水平线上,有的人口三四百万,有的人口超过千万。再从城市的性质和功能上来看,有些城市是综合性的政治、经济、文化、教育、金融贸易中心,在国民经济的发展中起着举足轻重的作用,像北京、上海、天津这样的城市。而有些城市是以工业为主的城市,在工业发展中又以重工业或轻工业的某一行业为主,有的是以旅游为主的城市等等。这就是说,城市的性质不同,功能不同,那么为了做到城市的系统管理,就不应当在组织结构上有一个统一的固定模式,而应从实际出发,依据城市的具体情况来进行设计。大城市、大企业,由于规模大,层次自然要多一些,而小城市、小企业层次当然要少一些。如果小城市、小企业也按照大城市、大企业的层次划分来确定自己的组织管理结构模式,那就有点作茧自缚了。

总之,我们必须从实际出发,认真研究各方面的实际的情况,科学而又灵活的应用组织结构管理的原则,建立一个符合实际、运转灵活、层次分明、职责明确、人员少、效率高的组织结构。

(二)城市领导模式设计

在研究城市管理系统的组织结构时,我们不仅要把握管理系统总体设计的基本原则,还应当从系统整体出发,运用系统辩证思维对城市领导模式进行有益的科学研究和探讨。

领导是决策者。决策者的水平如何,直接关系到他的作用范围要素功能的发挥。城市工作搞得好不好,城市系统的结构要素能否达到优化配置,并使其充分发挥在区域经济中的作用,很大程度上取决于城市领导模式是否科学、合理、是否有强有力的领导和严密畅通的系统管理结构,取决于城市主要领导干部的知识结构、专业结构、智能结构等。由于当代科学技术特别是新技术革命的发展,城市系统在开放的状态下不断地吸收其成果,内部结构在动态变化中越来越复杂,而且要素之间的相互联系越来越紧密。在这种情况下,城市领导缺乏现代领导的管理意识,缺乏对城市发展的超前研究,如对经济社会的战略发展,城市规模,城市总体规划,缺乏用系统思想和系统方法把它们有机地联系起来进行系统考虑,缺乏根据城市的人力、物力、财力状况对整个城市未来发展提供和创造各种必要的物质条件的系统安排,就很难使城市在一种系统的现代管理思想指导下,得到较大的发展。所以,我们说城市的领导模式和领导干部的素质是关系到城市经济和社会发展的重要保证。

我国是公有制经济为主体的社会主义国家,中国共产党是中国工人阶级的领导阶级,因此,我国城市的领导模式是建立在以四项基本原则为基础,党政集体领导的模式上。这种总体模式,一般有二种形式:

一种是党、政分开,形成党的工作系统和行政工作系统,在职务上市委书记和市长各司其职。党的领导主要是对党的工作系统形成垂直领导,从总体上贯彻执行党的路线、方针、政策;监督党的路线、方针、政策的执行情况;加强对党员的思想教育,加强对党组织的思想和组织建设;大力加强思想政治工作,宣传邓小平理论,搞好精神文明的建设。党对政府的领导主要是思想政治和方针政策的领导,它并不包办政府的总体工作,但必须对政府工作进行监督。政府负行政工作全权责任。它有行政职能、经济职能和社会职能。所谓行政职能,是指地方政府作为国家权力的执行机关要执行本级人民代表大会及常务委员会的决议和上级行政机关的决议、命令;依据国家法律和本地区的总体情况制定行政规章和措施,发布决议和命令;执行国家财政预算,依法收税;经济职能主要是制定本地区经济发展规划和计划;指导本地区的经济建设,指导本地区的生活资料和生产资料的流通,为企业服务等等。社会职能更加广泛,包括制定社会发展战略,管理文教、卫生、科学、教育、体育事业以及其他社会服务事业等等。政府承担着极为繁重的任务,采取党、政分开的原则,其目的在于改善和加强党的领导,解决党和国家的各级领导机构中,党政不分或以党代政的现象。这样做,有利于加强和改善中央的统一领导,有利于建立各级政府自上而下的强有力的工作系统,管好政府职权范围的工作。但是,从一些实际情况看,往往有时存在着党、政意见不一,决策缓慢,效率较低,有时难以协调,进而各行其是的现象,这就直接影响城市工作的开展。这主要是缺乏规范的党政分工制度和法律。

另一种是一个城市党、政领导职能由一个人承担,而党政具体的工作仍旧分系统进行的形式。从一些城市实践的结果来看,这种领导模式有一定的可行性,它便于党、政统一指挥,协调工作。在考虑行政工作时,可以同时考虑怎样以党的工作进行有效的保证。在加强党的工作时,又可以总体上考虑行政工作如何加以有效的配合,这样就会从一个城市的系统整体出发来领导研究和考虑党、政工作的有机配合。它们工作效率比较高,决策速度快,便于工作的及时开展,基本上在一个城市的最高领导层内不存在过多协调工作。这在改革、开放,推进和发展社会主义市场经济特定历史条件下,具有一定的推广意义。但是,实行这种领导模式必须从实际出发,它需要领导者必须具有较高的政治素质、思想修养和领导艺术,要有统筹全局、合理谋划、科学布局的能力;必须从系统思维的角度,做到职务合一。但党、政工作要分开,亦自成系统,即不能以党代政,也不能以政代党,而是要科学、合理地抓好这两个工作系统的工作。当然,这种领导模式如果搞得不好,工作处理不当,也会出现党政不分的现象。但是,只要有严格和科学的系统管理制度,这种弊端是可以克服的。

我国的城市规模不同,城市工作的难度也不同,这两种领导模式不应当肯定一种否定另一种,而应当从城市的具体实际出发,做出有利于城市管理系统的发展,发挥城市功能的科学选择。但总的说,党政应分开,职能应明晰,还应建立有效的监督系统,以便克服腐败现象。

（三）城市管理系统层次和要素的横向划分模式

城市管理系统除了城市领导模式的设计以外,为了完成城市所具有的多样化的职能,特别是城市领导承担的各种职能,必须从系统整体出发,按照城市系统要素的相互联系和作用程度,对城市管理系统层次和要素进行横向划分。划分的目的在于分解政府的职能,使城市管理系统成为一个有序运转的系统整体。

城市管理系统层次和要素的横向划分,既是一个系统思维的过程,也是一个运用系统观点对现代城市管理职能进行横向分解的过程。

系统辩证思维告诉我们:不论宏观世界还是微观世界,不论自然界还是人类社会及思维领域,系统无处不存,无处不有,自然界万物都是成系统的。正因为这样,我们的管理思维方式也应当不断加以改进,用系统辩证思维的形式来分析和研究现代城市的管理组织结构和模式,实行现代城市的系统管理。这里所说的系统管理,是依据现代城市这个综合系统的功能和作用,把它分为若干个系统层次,然后进行科学管理。它是系统辩证思维的认识论和方法论在城市管理系统上的结合和具体运用。

现代城市尽管它的规模、人口、产业结构、整体功能互有区别,但就城市管理系统来讲,具有共同的特征。按照这些特征,可以把现代城市的系统管理划分为若干个管理序列:城市规划与发展系统管理;城市经济系统管理;城市环境、资源、国土系统管理;城市道路、交通系统管理;城市社会系统管理;城市公共设施和市政建设系统管理。这六个层次的系统中又可以分为若干层次和内容。比如,城市规划与发展系统管理可以分为:城市发展战略研究,包括城市性质的确定,城市的经济发展战略、城市的社会发展战略;城市的总体规划,它是运用战略的成果对城市的未来发展进行总体设计。总体规划中又包括社会发展研究规划、城市布局规划、城市工程规划,这些都是总体规划的延伸。在总体规划制定之后,接着就是部门规划的制定,如城市人口发展规划;劳动力开发规划;科技发展规划;工业发展规划;种植业、养殖业、林业发展规划;交通发展规划;能源利用和发展规划;财政发展规划;金融系统发展规划、教育发展规划;文化发展规划;环境治理和发展规划等等。与这些总体和部门规划相匹配,还应当有专题论证报告和模型技术报告。这样就构成了一个城市未来空间三维发展的蓝图。规划制定之后,还要有城市的规划管理,包括城市规划的审批,城市规划的实施和监督,同时还要通过立法程序,使城市规划有可靠的法律保证并监督执行。这三个方面的内容,构成了城市的系统规划管理。再比如城市经济的系统管理,同样涉及到许多内容。它包括城市工业管理、城市商业管理、城市市场管理、城市金融管理等等。而每一个具体部门管理中又可以分为若干个横向管理环节,如工业可以分为重工业、轻工业、化学工业,等等。在城市专用设施和市政系统管理中,又分别有若干个平行的管理内容,如城市供水管理、城市排水系统管理、城市煤气系统管理、城市供电系统管理、城市电讯系统管理等等。由于现代城市的复杂性,管理内容既系统且又广而杂,同时相互之间交叉渗透,互相制约。比如,城市工业的发展往往要给城市环境带来不同程度的污染,理所当然地要受到环境保护部门的干涉;道路交通的建设又要受到具体规划的制约,所以必须实施系统管理才能有效地保证管理的高效率运行。

要实现系统管理,必须要有一个符合城市实际情况的系统层次和要素的横向划分,并形成一个划分模式。它的基本思想应当是:

一是把城市管理按类别和内容划分为上述六个管理系统。这六个管理系统,是从横向上并列排开的城市管理环节。它们横向之间有着密切的交叉联系,纵向的每个系统又可以分为若干层次或等级秩序,它基本上包括了现代城市管理系统的内容。

二是在这六个系统管理的横向联系环节中,要明确城市的战略发展研究和规划的制定管理应当占据很重要的位置,特别是城市具体规划一经制定,必须具有权威性。根据 1984 年 1 月颁发的《城市规划条例》,我国的城市具体规划实行分级审批的制度,即直辖市的城市具体规划,由直辖市人民政府报国务院审批;省和自治区人民政府所在地的城市,其他人口在 1 万以上的城市的具体规划,由所在省、自治区人民政府审查同意后报国务院审批;市、辖县、镇的总体规划报市人民政府审批。这说明规划是一种非常严肃的工作。它是一定时期内城市发展的蓝图,是城市建设和管理的依据。所以,城市建设也好,管理也好,必须有一个统一的、科学的城市规划,任何人都必须维护规划的权威地位。这是使城市实行系统管理,使城市管理有秩序运行的重要内容之一。因此,城市的规划,包括总体规划和部门的规划,必须实行集中领导、统一管理。

三是在明确了规划管理在城市中的重要地位和作用之后,依据划分的六大管理系统体系的内容,按照城市的大小和复杂程度,进行科学合理的层次系统划分,从纵向形成了一个上下贯通的联结网络。在层次划分中,由于结构复杂程度不同,有的层次很可能要多一些,有的也可能要少一些。比如,一些大、中城市经济系统管理不仅横向环节多,纵向分类也较为复杂,仅工业就要分为重工业、轻工业、电子工业、化学等,而每一个工业门类下面又有若干企业。从企业所有制性质上分析,既有国营企业,又有集体所有制企业,及中外合资企业、外资独资企业等多种形式的所有制结构。这就在划分管理层次的过程中,进行综合分析和系统研究,即要考虑企业产品结构,又要考虑所有制性质达到有利于管理方便企业的目的。

四是根据各个分系统的层次结构状态,进行定量的研究,其目的是确定工作量的大小,工作内容的繁易,同时又要参考国家和省(自治区)的管理机构设置进行纵向比较,然后经过论证,确定管理的层次结构。根据管理的层次结构,工作量、工作内容来制定机构设置和人员配备。这里所说的层次确定,管理机构的建立和人员配备是从城市系统管理的块块来讲的,同时还要从改革的角度来统筹考虑。比如在经济体制的改革中,政府管理经济的模式和内容出现了三大变化,一是从管理微观经济为主转到管理宏观经济为主;二是从对生产经营的直接指挥转到对企业的指导服务上来;三是从封闭管理转到开放管理上来。根据这种情况,就要求系统必须解决机构臃肿,部门林立,各地分辖管理机构层次过多的弊病。必须从实际出发,裁减、合并和实行专业管理,加强经济调控,经济立法咨询、监督等机构。如政府委办局可以考虑设 26 个,直属 11 个,因为世界各国也大体上是这个数目。

总之,城市系统管理的结构模式不应当强求一律,应当根据城市的大小,根据城市的产业结构、产品结构的状况,根据城市的性质和特点,根据城市与外部环境的作用和功能状况等多种因素加以系统分析,把原则性和灵活性有机地结合起来。做到既要强调组织结构的稳定性,又要根据主客观因素的变化,适时进行必要的调整,在动态变化中保持相对稳定。

第三节　城市管理系统的运行过程

系统辩证思维认为,城市系统管理的运行过程,就是城市各系统层次运用各种管理方法,充分发挥总体和层次管理职能,实现息体管理目标的过程,它是系统管理的一种动态表现。没有运行过程和对运行过程的控制,城市系统管理就很难在一种有序的状态下进行,也很难在运动中不断得到协调,在动态中得到完善,从而达到由低级向高级系统管理过渡的过程。

一、城市管理系统是一个有序的运行过程

城市系统管理是一个有序的运行过程,它不是杂乱无章的,而是有其自身客观规律的。促成这种有序管理过程的主要原因是:

(一)城市管理的多重目标要求有序管理

城市管理目的总是多重目标的结合,比如当提出城市经济发展达到一定的目标时,对城市内部的产业结构、投资环境、产品结构,以及企业的经济效益同时要指出明确目标,这样才能保证城市经济发展的实现,在这个过程必须是一个有序的运动过程。当指出对城市的美化绿化时,又必须在城市的自然和生态环境保护、基本建设等方面指出相应的要求和目标,只有相关要素协调一致的有序运转,才能实现预定目标。所以有序的,也是一种系统的活动。

（二）城市管理职能的统一性要有有序管理

城市的管理活动是多种职能发挥的统一和综合。正如我们在前面已经讲过的那样，它通过规划、决策、组织、协调、监督、控制等各种职能的发挥，使城市系统的运行有秩序的进行。在现代城市的管理中，由于城市本身的复杂性，不可能只行使一种职能便可达到目的，只有上述各种职能的统一才构成一个有序和完整的系统管理过程。在这个过程的运行中，每种管理职能不仅在城市管理中有自己的地位和发挥着一定作用，而且在时间上有着顺序性，这就要求我们必须把握其特点，做到管理的有序性。

（三）城市管理的复杂性要求进行有序管理

城市管理的对象是整个城市，而不是城市中的某一个方面，某一个层次。由于城市系统是一个多层次、多目标、多功能的复杂整体，因而也就决定了城市管理的要素本身也是复杂的。它所涉及的变量大多是随机的，确定的比较少。此外它不仅要处理系统内部的问题，还要处理与城市外部的关系。在处理这些问题时，只考虑单一方面不能解决问题，还要从内在联系上加以考虑，即要做到综合地考虑系统内外的各种要素。城市管理的这种复杂性，要求我们必须研究各方面的情况，进行科学的判断，才能使城市系统有秩序地正常运行。

（四）城市管理各种方法的综合运用，要求进行有序管理

管理方法是指在城市活动中，管理主体为了行使管理职能，实现管理目标，而对管理客体施加影响的方式和手段。管理方法本身也是多样性的，各种管理方法有着紧密的联系，形成一个管理方法体系。这个体系根据不同的作用，分为两个层次。最高一层是行政方法、经济方法、法律方法，这是最基本的方法。其次是具体方法的运用，比如运用行政手段下达指令，运用教育方法开展思想政治工作；运用数学方法实行定量管理；对管理对象进行系统论证和系统分析，等等。每种方法都有它自身的作用和特点，它们可以从不同的角度来影响和作用于管理对象，但它是有一定的局限性。这就要求我们在城市管理中，依据不同的管理对象和内容，采取不同的方法和手段，将各种方法有机地结合成一个系统整体，形成一个完整有效的控制体系，才

能有效地对城市系统的运行进行有秩序的调节。如果没有分析,不加区别地运用这些方法,往往会互相抵触,造成管理失效。

综上所述,城市的系统管理是一个有序的运行过程。只有认真分析和研究这种有序的运行程序,才能增强城市的管理效应。

二、城市管理系统运行中的方法和手段

在城市系统管理运行中,必须运用多种方法和手段,达到最佳的管理效果。从城市整体来讲,我们认为应当采取以下主要方法:

(一)整体管理方法

系统辩证思维认为整体管理方法,是指把管理对象作为一个整体系统,从整体优化的目标出发,实行系统管理。在系统物质世界中,建立在单元体要素的全息性,是系统发展的基础。由于系统诸因素、诸层次的有机联系和有序结构,系统整体质和功能优于部分质的总和与功能总和。因此,在系统自组织,自同构、自复制、自催化、反馈和环境的能量、质量、信息的交换下,系统朝着熵减少和有序程度提高的方向运动和发展,并逐步达到系统整体的最佳状态。强调把系统作为一个整体来看待,整体质和功能大于部分质及功能之和,这是整体优化规律的核心。

现代城市是一个十分复杂的系统整体,它的组成要素和环节互相依赖、互相制约达到了很高的程度,如果某一个要素,某一环节出了问题,往往会发生连锁反应,直接影响整个城市系统的正常运行甚至瘫痪,产生严重的恶果。因此,在城市管理中,必须运用整体管理方法,实现整体管理。

整体管理方法,就是从系统整体优化出发,追求局部要素效果与整体效果的和谐统一,并明确要求局部要素必须服从整体,实现系统的整体优化。在具体的管理过程中,要求每一个管理人员要树立整体观念,了解和把握整体目标,不能只注意自己部门的职能而忽略了系统的整体目标,也不能忽视自己所在系统在上一个更大系统中的地位和作用。比如说,城市系统的整体效益和总目标就是要不断地满足人们物质和文化生活的需要,为人民创

造良好的物质生活和劳动条件,这种整体效应目标又在一定的时间和空间范围内,用各种数据表现出来。但是,我们过去在城市管理中,忽视了或者就认识不到这个总效益、总目标,缺乏从整体上把握管理城市的认识。在宏观上,注重经济效益多,注重环境效应、社会效应少,重生产、轻生活;从微观上,各部门往往只注意自己部门的发展、部门的利益。其结果往往是城市系统内结构不合理,"骨头"和"肉"的建设不配套,不仅给人民生活带来诸多不便,也严重地影响了城市自身的发展。强调城市的整体管理,就是要明确各要素在城市系统中的作用和地位,不断地研究各系统要素之间的相互关系和动态变化,及时地采取必要的调整措施,使系统始终保持整体优化的最佳状态。

(二)目标管理方法

目标管理方法,是实现城市系统管理的一种重要方法。它是围绕目标的确定,目标的实现而展开的一系列组织管理活动。它的主要特点是:(1)系统性(即整体性)。城市是一个系统整体,它的组成要素多,层次复杂,城市目标的管理模式正是按照系统整体优化的原则来进行整体设计,做到有目标性和科学性、合理性。要做到这一点,首先要做到与管理目标的联系。其次要做到大系统与分系统的联系,分系统与子系统的联系。如果没有大系统的目标,那么分系统、子系统就是零值。因此,目标的建立必须从大系统开始,然后再向分系统、子系统层层分解展开。同时在目标的确定过程中,要采取自上而下与自下而上相结合的办法。第三要注重当年管理目标与当年计划的相互联结。既强调二者之间的一致性,又要体现它们的特殊性。目标一定要明确突出城市工作的重点,概括计划的主要内容,又要规定许多计划,做到明确、具体。第四要注重定量与定性的联系。即尽可能要把目标定量化,这样易于考察和奖评。(2)层次性。目标的制定,由城市总体目标层层分解为各个层次的具体目标,形成多层次的目标体系。多层次的目标体系,决定了多层次的分级管理。这样就形成了决策层、管理层、执行层、操作层四个目标管理层次。在这四个层次管理体系中,每一个层次既相对独立又相互联系,因而以一定的目标值为依据,形成了上下通的管理层次。(3)自组织性。由于目标的约束,使目标管理产生了一种自我调控作用,每个人都要围绕同样目标的实现来合理地安排自己的工作。其次,还产生了一种自我激励作用。人是系统管理的主体,又是系统管理的客体。在目标管理活动中,人既是目标管理的对象,又是目标管理的动力。由于目标管理把人与其奋斗的目标(精神的物质的)联系在一起,使他们从目标的实施中看到自己直接和间接的利益,从而调动了人的积极性和创造性。(4)实现与政府职能转变的一致性。由于推行目标管理,必须做到各个层次管理的责、权、利相结合,因而推动政府职能的有效转变。要实现政府职能的转变,一是必然做到简政放权,二是必然加强宏观调控,三是加强法制建设。(5)具有效益性。目标管理是一项复杂的系统工程。按照系统工程本身的特点,它在研究系统、改造系统的过程中,按照系统的目地性要求,采用最优化的方法,从而达到最佳的总体效益。当然,对一个城市来说,最佳效益的取得,不单纯取决于某一个方面,而是诸多因素(目标)的合理组合。从上面我们分析的五个方面中,可以看到,目标管理方法在城市系统管理中的运用具有很强的生命力,搞的好了往往会起到事半功倍的作用。要推广和运用目标管理方法,必须认真解决这样几个问题;(1)必须建立完善的指标体系。一个城市既要有总体目标,又要有各个层次的分解目标;分解目标要为总体目标服务,上下形成一个相互联系、相互制约密不可分的指标网络体系。(2)维持目标体系的严肃性。总目标和分解目标形成之后,要通过一定的形式,用责任状或其他形式固定下来,使目标具有很强的约束力,不能想完成就完成,完不成也可以,要把每个人为之奋斗的目标与一个城市的总体目标有机地结合起来。(3)要有严格的奖惩措施。目标管理具有激励性,激励性的动因在于不仅要制定具体目标,而且要制定具体明确的检查考核指标和奖惩办法,从而激励人们去完成自己的目标和任务。(4)要有严格完善的管理体系。从目标的制定,目标的分解,责任制的落实,目标的考核、检查、评比、奖惩形成一套科学有序、协调一致的目标体系和管理体制。在城市系统管理中,由于传统的管理思想、管理制度和管理方法已经越来越不适应现代城市的管理需要,因此,要在目标管理中推进城市的现代化管理,就应当在实践中建立一套完整严格的目标管理体系,把管理体制作为实现目标体系的可靠组织保证。

目标管理是城市系统管理的一种有效的方法,近几年我国不少城市在加强现代化管理中,推广运用这种科学方法,取得了一定成绩。但也有一些问题应当认真研究,并适当采取相应的政策。比如,目标管理要与政府职能的转变相一致,就必须明确城市政府机构的职能和分工。在机构内部,可以全面推行目标管理责任制。与此同时,可扩大单项目标管理的内容,尤其是那些可以定量的单项目标管理适用的范围。比如城市建设、公路建设、计划生育、城市环境保护等,都应当加以扩大。目标任务必须有量化指标,并增强可比性,有些难以量化的指标,也必须有相应的衡量标准作为参照坐标,如项目、质量、时限的具体规定等等。在制定管理目标时,要尽可能考虑各个相关目标之间的协调,并且可以运用替代变量来解决不同职能之间的冲突问题。在有条件的地方,甚至可以把推行目标管理同机构改革结合起来。当然,这是一项十分复杂的系统工程,根据管理目标和内容来确定相应的机构设置,通过对管理目标的反复研究、筛选、分类、重新组合,来研究和确定政府职能机构的科学设置。比如,要考虑逐步建立对政府机构管理实质的综合评价,考核体系和考核的具体程序,认真摸索非量化目标的考核方式。依据政府管理行为的多元效益性,建立多元的考核、评价参照系数,从而建立起考核、评价的综合体系,即:既考核行为实质,也考核行为过程,把定量考核与定性考核,平时考核与定期考核、自我考核与组织考核结合起来进行。建立起政绩、工作、考评等各种报告制度,以全方位评价目标的实施状况。在目标管理中,还应当给政府以相应的奖惩手段,以强化目标管理的组织和管理效应。其中,关键是要把干部的任免升迁同目标管理结合起来,即使一时做不到,也应当作为对干部进行奖惩的主要参照内容之一。此外,还有一些问题,如在目标管理中怎样才能处理好党政关系,在具体实施过程中做到分工明确,以及如何处理好纵横衔接关系,诸如目标与计划、目标与日常工作的关系等,这些都需要结合城市目标管理的特点继续加以认真研究。

(三)层次管理方法

系统是个整体,但任何系统整体都是分层次的。从宏观世界到微观领域,从自然界到人类社会,都是按照各自不同的结构组成方式,分为若干层次。这个问题,我在《系统辩证论》这本著作中作过深刻的阐述。城市管理作为一个系统整体,也是有层次的。它按照不同的特性分为若干个分系统,每个分系统内部又分为不同的等级层次。由于层次之间具有差异性,因此,不同层次的管理有不同的职能,如果不运用系统分析的方法,合理地研究和确定管理层次,打乱合理的层次界限,就必然导致整个管理系统处于混乱的无序状态,影响管理机制正常运行的节奏和效率。

实现城市的层次系统管理,就要依据系统辩证思维中的层次性观点,以及层次转化规律,科学合理地划分城市系统管理的层次。然后明确各个层次的职能、运行秩序、规范、标准以及责、权、利关系,并且要加强各分系统之间的横向关系。为有效地保证层次系统的科学管理,每一个层次都应当规范确定自己的管理内容、管理目标。做到层层职责明确,统一指挥,系统管理。层次管理的目的是使整个城市管理工作有秩序地进行,防止那种越级发号施令,"一竿子插到底"的传统领导方法给管理带来的混乱状态。

总之,城市系统的管理方法很多,特别是在一些具体部门的管理中运用的方法就更多了。比如经济管理中的经济责任制,全面计划管理,全面经济核算,全面质量管理,优选法、运筹法;企业管理工作中的量本利分析法、成组技术、看板管理、ABC 管理法以及各种数学方法等等,它们各有其特点和显化管理的功能与作用。我们这里主要是就城市具体的系统管理讲的,因此,只介绍以上几种主要方法。

三、城市管理系统中的控制过程

城市的系统管理既是一个有序的运行过程,同时也是一个不断变化的控制的过程。这就是说,在城市的动态发展变化中,要对某些要素进行适当的控制。控制的目的是要使这些要素(即被控物)适应外界条件的变化,使其某种功能尽可能达到可能的相对更好的状态,或向某种人们通过科学测定的预期功能发展。如果被控物体是人造系统(如城市系统),更好的状态应当由设计者来确定。比如在城市系统管理中,必须对城市人口进行控制,如果不控制,人口无限制地增长,就必然地要给城市的就业、管理、交通、住房、文化教育设施乃至经济发展带来严重困难。因此,在城市系统管理中,就必然要通过政策、法律、法规以及严格的管理,对大口生育实行限制,其目的是为了提高人口质量和素质,提高城市人民的物质文化生活水平,保持城市整体系统的优化发展。所以,在城市系统管理的过程中,控制发挥着十分重要的作用。每一个城市管理工作者,特别是城市管理的领导干部,必须十分重视这个问题。

(一)控制的概念和控制方式

什么是控制? 一般来讲,控制就是人们按照预定的目的为改善系统的功能或行为而加之于系统的作用。按照系统辩证思维的观点,就是系统对自身各种要素以及自身与环境关系的调节,这种调节可以使之达到和谐,反之即谓之失控。它的作用就是在有扰动和某些外界不确定性存在的情况下,使受控量的实际值与所需要的期望值之间的偏差等于零。这种偏差是通过反映系统实际行为的反馈信息与所希望的系统理想行为进行比较而获得的。所以,控制就是为改善某个或某些对象的功能,并向我们预期的方向发展,需要并获得使用信息,以这种信息为基础选出的加于该对象上的作用。城市系统管理的对象是一个复杂的系统,对管理对象即被控制对象施加一定影响,使之合乎整体目标的要求,达到需要状态的过程,就是城市系统管理的控制。

要对系统实行控制,是有前提条件的。这些前提条件主要是:(1)要有体现目标要求的标准。控制总是围绕一定的目标来进行的,它是一种有明确目的的干预活动,因此,必须明确体现目标要求的标准,标准越明确,就越容易进行控制。(2)要有组织机构。控制是一个系统运行过程,在控制过程中一旦发生偏差,必须有承担责任以及及时采取有效措施的责任的主体,因此,必须有相应的组织机构。(3)控制必须有一定的信息作前提。信息反馈是控制中一个很重要的内容。信息反馈一般分为两种,当反馈的信息与输入的信息相同,增强输入信息对单位的控制,使输出增强,即称为正反馈;当反馈信息与输入信息相反,减弱输入信息对系统的控制,使输出减小,则称为负反馈。在一个控制系统中,一般是通过负反馈的方法来调节和控制系统,使其做出合乎目的的运动。要对城市系统实行控制,就要有必要的信息反馈,因为控制是在控制者与被控制对象之间进行的,这种联系是通过输出、输入信息来实现的:(如图)

从以上三个方面我们可以看到,在确定管理目标之后,控制活动主要能进行适时调节和监督。

控制要通过一定的方式来进行。按照被控对象接受控制指令的循环来划分,一般分为直接控制和间接控制这样两种方式。

直接控制是指被控对象直接从控制者那里接受指令,或者说控制者直接向被控对象发出各种控制指令,从而约束被控制对象行为的控制方式。比如,在计划经济的模式下,国家以指令性计划的形式,向企业下达生产计划,直接控制和约束企业的经济活动,企业按照国家的指令性计划组织生产,这就是一种直接控制方式。这种直接控制的性质决定它有两个特点,一是具有明显的行政强制性,即由上级发出强制执行指令,下级机构只能无条件执行;二是有直接性,不经过什么中间环节。所以,这种控制方式既有长处,也有其局限性。

间接控制是一种运用十分广泛的形式。这种形式是被控对象不是直接从控制者那里接受控制指令,而是通过市场或从控制者制定的法律、法规、政策、方针、路线等"控制器"那里接受控制信息,进行自我调节、自我控制的一种方式。这种控制信息是进行自我调节、自我控制的一种方式。这种控制方式同直接控制方式一样,是实现系统运行有效控制的基本形式。从现代城市的系统管理来看,一般多为间接控制,这种控制不仅有利于城市系统要素的宏观调控发展,而且对调节系统机制结构的合理化有很大作用。比如,我们在调整城市产业结构时,许多城市根据城市的性质资源特点,制定了产业政策,明确重点发展哪些产业,抑制哪些产业,然后采取投资、信贷倾斜政策,严格计划,这样就有效地通过政策、投资、信贷这种间接调控形式,使产业结构得到调整,使城市内部的产业结构更加趋于合理,从而优化了城市的产业结构,使城市的具体功能得到发挥。再比如,为了使城市的具体规划按规划实施,国家颁发了《城市规划条例》,对不同城市的规划制定、执行、管理提出了明确要求。任何单位在城市规划区内进行建设,都要依据规划要求,建筑标高,管理程序进行,这样就有效地控制了城市建设的无政府状态,使城市建设有计划地按具体规划实施。在城市系统管理中,这种方式应用到各个方面,如人口管理、经济管理、治安管理、教育管理等等。它在整个城市的系统管理运行过程中,发挥着越来越重要的作用。

控制方式还可以按事后控制与事前控制划分为反馈控制方式和前馈控制两种方式。

反馈控制方式是建立在控制论反馈理论基础上的。它的主要内容是通过输出信息的分析来找出偏差,从而促使给定的控制对象改进其功能和调整其发展,达到控制的目的。反馈控制的过程:(如图)

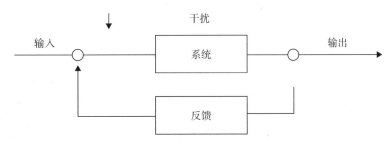

再比如,决策者一般制定政策的过程,就是一个系统所反馈控制的过程:(如图)

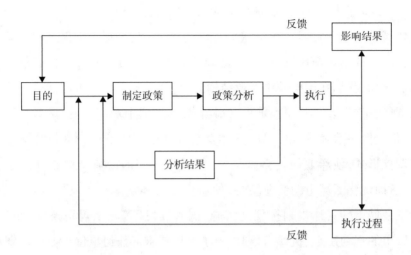

从图中可以看出,系统把信息送出去,然后又把其作用的结果返送回来,并对信息的再输出发出影响,从而起到控制的作用,达到优化的目的。可见,反馈控制方式是一种相当重要的控制方式。

前馈控制也叫预先控制或提前控制,它是一种建立在预测基础之上的面向未来的控制方式。这种控制方式与反馈控制的根本区别在于:它是预见到可能出现的偏差,因此在偏差出现之前就采取控制措施,而后者则是在偏差出现之后才采取补正措施。可见,前馈控制是一种很有效的办法,它可以弥补反馈本身所具有的局限性,即消除反馈过程的时间延迟和避免在管理工作中造成的不必要损失,因此,它是一种最佳控制方法。但这种方法的实行,必须有一定的前提条件,其中最关键的也最重要的就是要有准确的预测分析系统,对未来发展有一个科学的系统分析和研究,否则它的作用就不可能得到应有的发挥,甚至是无效的。

前馈控制的主要形式是目标控制和程序控制。目标控制正如我们在前面已经讲过的,是在目标管理的活动中,通过控制者的预测分析而规定的被控对象活动的目标、范围,使被控对象在目标指导下和在规定的范围之内,根据外界的文化而进行自我调节。控制者通过了解被控对象动态变化的信息,控制其不偏离目标。

程序控制包括各种政策、规划、计划、制度等等。比如,我们在进行人口研究中,目的是要研究如何通过控制生育率来控制社会人口的发展,使人口最终达到某种比较理想的发展状态,通过人口政策和规划,达到控制人口增长的目的。为了达到这个目的,首先就要把一个城市的(或社会)人口状态看成是一个不断变化的动态系统。然后抽象出和定义出能准确描述社会人口状态和发展的若干独立变量,再根据人口状态和数量变化原因建立各种变量之间的逻辑关系和数量关系,作为人口发展过程分析、预测和定量控制的基础。在这样的基础上,再制定人口政策、人口规划,这就形成了一个完整的科学的程序控制过程。此外,像经济和社会发展规划、各种投资规划、生产计划、工艺规程、直到会议议程这样的内容都是建立在预测分析基础之上的前馈控制程序。这种程序,一般都是由控制者(或控制机构)设计或决定的,然后再输入或存贮到被控系统当中进行程序控制。

总之,控制是现代城市系统管理的一个重要内容,是控制论在现代城市管理中的运用,它有利于城市的科学管理,也有利于城市系统功能的发挥。

(二)城市管理系统控制的必要性

为什么要对城市系统管理实行控制,从根本上说来,就是为了通过控制,使城市系统在动态中达到相对稳定的发展。

系统具有有序性,而有序和无序又是相对的。任何系统不可能都是绝对的有序或绝对的无序。在城市系统中,由于各个要素的运动,使有序性会变为无序性,从而影响系统的稳定,为了使这种无序性变为有序性,就需要从外部施加影响,也就是进行控制。只有不断地控制、调整,才能克服这种无序性,保持系统的相对稳定,从而发挥系统的整体功能。

城市系统的运行,就是物流、信息流、人流输入输出的动态加工系统。这种动态过程使物流、信息流、人流在能量、数量、速度在变动频率方面不断增大,使城市的各种效益,如经济效益、社会效益、环境效益不断集聚,使人们的物质文化生活的需要得到满足。同时,系统要素之间的相互作用,也使得城市系统经常处于不断变动的状态,这都使城市系统呈现无序性。但是,保护城市系统发展相对稳定的秩序,是系统发展的前提,因此,必须不断地对各种组成要素进行有效的控制,从而保持城市系统的相对稳定和有序运行。

其次,为了使城市系统对环境具有适应性,实现运行的最佳状态,也必须进行控制。

城市是一个开放的系统。不论城市系统,还是城市的管理系统,以及构成城市系统的各种要素都处在一种开放状态,即处于一定的环境之中,只是环境的空间范围和位置不同而已。环境的变化有时对系统有很大影响,系统受环境影响,必然要对外部环境产生物质的、信息的、能量的交换,有时由于受到外部环境的影响,甚至会偏离目标,所以,就要求通过控制,排除干扰,保证城市系统的正常运行,实现城市的预定目的。

可见,城市系统的运行离不开控制。当然,要实现有效的控制,就必须有相应的目标与组织机构。所以说,城市的系统管理过程,也就是一个控制的过程。

(三)对城市系统进行全面的有效控制

对城市系统怎样才能做到有效控制,根据现代城市的性质和特点,应当抓好以下几个方面:

首先,要从整个城市系统整体出发进行全面控制。由于城市是个高能量集聚体,是人流、物流、信息流的"增大器",就必须在加工转换过程中,对人流、物流、信息流的方向、速度、变化的频率以及他们之间的相互影响加以控制,使被控对象按预定轨道和目标运动。与此同时,为了使系统的各个层次、目标、功能协调发展,也必须进行全面控制。不能只控制一个方面,而放弃另一个方面。只控制投资规模,不控制产业结构,这种全面控制不是去控制城市系统内部个别要素的发展变化,而是要逐个对要素的控制,达到控制城市系统具体的发展和变化。

其次,以间接控制为主,实现反馈控制和前馈控制。由于现代城市系统的复杂性,决定了控制者无法有效地对城市系统中的各个要素进行直接控制。比如,一个城市的市长,不可能直接去指挥城市各个环节和部门的运行,而是要通过制定方针、政策、目标规划,以及对全面工作的具体安排部署,去领导全市的工作。因此,这就要求建立和健全强有力的反馈机构和预测分析系统,提供各种信息,通过制定各种政策、法规以及必要的措施,实现有效的控制。

四、城市管理系统的信息传输和反馈

城市的系统管理,离不开信息的传输和反馈。随着现代科学技术的发展,信息在城市的系统管理中发挥着十分重要的作用。它沟通城市系统内部各要素之间的联系,反映城市内部、城市与外部环境的物质和能量交换情况;它为城市管理,城市系统控制提供信息源,等等。因此,在城市的管理中,必须十分重视并发挥信息的功能。

（一）信息的概念和特征

信息是表达事物存在方式运动状态的消息、情报、指令:数据和信号;是系统各要素之间相互联系的特殊形式;它同能量、物质共同构成客观世界的三大要素。作为物质和能量的运动特征的反映,它描述了物质和能量在空间和时间上的存在情况。但它必须以物质为载体,反映客观事物的运动过程在时间和空间上的分布状态和变化程度。一般来讲,信息具有以下几个明显特征:(1)可识别性。信息可以通过人类的感觉器官来直接识别,也可以通过各种仪器装置来间接识别,例如声波、电磁波、录像等,经过识别的信息可以用语言、文字、图表、数字、代码等来表示。(2)传递性。信息可以通过传递的形式把客观事物的变化和特征再现出来,而且可以多次传递、多次使用。(3)存储性。信息可以通过多种手段进行存储。存储信息的目的是为了使用。许多有价值的信息由于能够存储才发挥了作用。(4)可处理性。任何信息都有一个处理过程。当人们接受了原始信息之后,即通过筛选、归类、加工、计算、处理成为有用的信息。

管理信息是指反映管理活动特征及其发展变化情况的各种消息、情报、资料等。管理信息除了具有一般信息的特征之外,还有这样两个特点:(1)有效性。管理信息是人们为了管理的需要,有目的地收集、加工整理使用的,因此它必须适合管理的需要。不同的管理层次由于管理的内容、手段、方法不同,因而需要不同的管理信息。同一信息对不同的管理层次有不同的价值。(2)社会性。管理信息是反映人类管理活动状况,而又为人类管理所利用,因而有着很强的社会性。

(二)信息在城市管理系统中的作用

随着科学技术的发展,信息已经成为一种支柱产业活跃在城市经济之中。人们越来越认识到信息的重要性。生产离不开信息,管理更离不开信息,现代社会本身就是一个信息社会。客观世界的千丝万缕的联系,就是一种信息的联系。任何一个自然或人造系统能够保持自身的稳定性,就在于它通过各种介质和途径取得使用、保持和传递信息的方法和手段。因此,信息的传输(包括反馈)成为人类社会生存和发展的基础。

城市作为一个不断运动着的客体和管理对象,频繁地在系统内部进行着以信息为中心的传输和反馈。为了做到系统管理,就必须主动地利用各种手段,广泛地收集各种信息,经过及时加工和传递,合理地利用各种有效信息,达到控制和协调城市系统发展的目的。可见,信息在城市的系统管理中有着十分重要的作用。

信息是现代城市进行科学规划和决策的基础。规划和决策是城市实行系统管理的首要职能。规划和决策是否科学、合理,是否符合实际情况,在很大程度上决定一个城市的发展前途。要使规划决策达到科学、合理的要求,就必须在规划决策之前有大量的信息资料作为规划决策的依据。离开了对实际情况的调查、研究、分析和判断,离开了大量的信息资料,规划决策就会成为无源之水,无本之木。

信息是现代城市系统管理的基础。在城市这个开放系统中,人流、物流不停地同外界进行着交换,在交换的过程中,同时形成了信息流,它不间断地以多种形式传递到管理对象,以控制和管理人流、物流的生产和变化。所以,必须有畅通的信息通道。如果信息流不畅通,反映的情况不及时,传递速度慢,就很难进行有效的管理。

信息不仅是现代城市系统管理的基础,同时也是提高管理质量和管理效率的重要条件。难怪一些日本经济界人士认为信息是企业的生命,在激烈的国际、国内市场竞争环境中,信息是决定公司、企业,以至整个国家兴衰的关键所在。还有人把信息说成是社会进步和经济发展的动力和基础,是竞争能力的标志,这是有一定道理的。1957 年,福特汽车公司决定生产一种叫做"埃德塞尔"牌的新型汽车。这个决策是由一个从大众化的"福特"牌车型,向车价较为昂贵的方向迈进的决策,其目的是想适应美国各个不同经济生活水平人们的需要。在花了 2 亿多美元,当"埃德塞尔"牌汽车进入市场后,销售很不景气,两年间竟亏损了 2 亿多美元。造成这一决策失误的根本原因是信息不灵。"埃德塞尔"汽车上市时正值美国经济衰退时期,经济衰退必然影响人对高档商品的需求,福特汽车公司由此而蒙受了巨大的经济损失。决策和计划的水平在很大程度上取决于信息工作的水平和质量。所以,信息不全、不准,常常是导致决策、计划失误的重要原因。信息也是控制管理质量的重要条件。控制就是信息的输入和输出。如果输入、输出的信息没有足够的量,而且很不准确,那就无法进行控制,自然也必然影响控制质量。城市作为一个综合系统,同外部环境以及系统内部各组成要素之间,有着各种各样的联系,这种联系正是通过信息来实现的。信息作为"传输线"是实现城市系统有效管理的重要手段。

(三)城市管理系统过程就是信息处理过程

在城市系统管理过程中,任何一种管理活动实质上都是管理信息的输入输出。信息贯穿于整个管理过程之中,它如同"传输线"或"纽带"一样,把城市与外部环境、城市内部各分系统、子系统和各项管理活动联结起来。整个城市的管理过程,由若干阶段层次组成,每个阶段层次都离不开对信息的处理,而且往往上一个阶段的信息输出就是下一个阶段的信息输入,彼此相互联系,形成一个管理系统。在管理过程中,被管理对象把管理要求传递给管理主体,管理主体结合外部环境条件对这种要求进行加工,发出管理指令,被管理对象在接受管理指令后,把执行结果再反馈给管理主体。这一整个管理过程的中心是信息的收集、传递、加工和处理的过程,整个管理也都是围绕着信息的处理与反馈进行的。因此,城市管理过程就是信息的处理和变换过程。

在现代城市中,信息在物质、资金、能源乃至人员等方面的管理中起着很重要的作用,有时甚至是决定性的作用。信息资源的充分利用,对整个城市系统的有序运行和发展起着支柱作用。它随着现代管理科学和电子计算机的发展而逐渐成为一种渗透性非常广的管理技术,并成为现代城市系统管理的重要标志。

五、城市管理系统的优化

城市是社会经济和文化发展的产物,它又推动着社会经济、文化和其他各项事业的发展。在我国,随着社会主义事业的发展,城市既是国家和地区的政治、经济、文化中心,也是建设社会主义精神和物质文明的主要基地。在实现四个现代化的过程中,城市发挥着重要的中心作用。城市的这种功能和作用的发挥,除了要不断地吸收国外先进的科学技术之外,使城市管理实现系统优化也是一个非常重要的条件。

实行系统优化,才能充分发挥整体的系统功能。这是因为,优化是指通过一定的排列组合方式,使事物或系统内部的结构具有合理性和对外部环境的适应性。自然界的各种物质系统,由于其内部根据和条件的相互作用,是可以在一定条件下,使整个系统或该系统的某个方面最大限度地(或最小限度地)接近或适合某种一定的客观标准。各种不同的物质形态或系统,都处于物质、能量、信息永不停息的运动变换之中,并根据系统所处的最适条件,或趋向某种最完美的结构形态,或是选择最简短的运动路线,或显示出最佳的特定性质和特定功能,并都以不同的方式实现着优化的存在状态或优化的发展过程。所以,优化的系统必然有较强的功能。

要实现系统的优化,关键在于认识优化的客观性、相对性和条件性。我们说城市管理要达到系统优化,从它的客观性上来讲,是指它是一种发展趋势,是由城市的政治和经济地位所决定的,是社会化大生产,以及市场经济发展的必然产物和要求;从它的相对性上来讲,是指优化相对于一定的标准。生产力发展的水平不同,优化的标准也不尽相同。就城市管理系统优化来讲,是指城市管理要素必须同生产力发展水平相适应,并不断地吸收新的科学技术成果,采用新的管理手段和方法推进管理水平的不断提高。优化的条件性是指系统的优化必须得具备一定的条件。斯大林说:"一切以条件、地点和时间为转移"①认识事物,要认识事物的条件;改造事物,也要改变事物存在的条件。离开条件,一切都谈不上。这就是说,手段既要承认条件的客观性,承认人们的认识和实践受着条件的制约,同时也要承认条件的复杂性和可变性。系统优化管理是有条件的,但通过努力,有时条件是可以改变的。

由于我国城市的规模、人口、经济发展水平、历史和自然条件以及开放程度,不尽相同,因此,其社会效益、经济效益和环境效益的集聚程度也不同。城市管理的系统优化不可能有一个统一的模式,但不论大城市、中等城市和小城市,都需要从以下几个方面创新条件,实现管理的系统优化。

管理思想的优化。管理的系统优化,首先要管理思想优化。它的含义是作为管理主体的人要了解、掌握和运用现代化的管理思想、管理理论,去指导、组织、协调管理客体。这是实现管理系统优化的前提和条件。管理思想的现代化,包括树立城市的战略发展观念、市场观念、竞争观念、服务观念、人才观念、时间观念、效应观念、开放观念、信息观念、法制和民主观念、创新观念等等。还要牢固地掌握一些现代管理的基本原理,包括系统原则、整体原则、封闭原则、反馈原则、动力原则、能级原则、行为和价值原则。其中,特别要强调人在管理中的作用,千方百计地调动职工的积极性,主动性和创造性,运用心理学、社会学、社会心理学、人类学的理论,来研究人类行为的规律,以做好人的工作。通过民主管理,发挥人的积极性,充分利用人的资源。

管理组织的优化。管理组织是实现管理目标的保证。没有一定的组织

---

① 《斯大林选集》(下卷),第430页。

结构形式,就不可能步调一致地搞好系统管理。因此,要根据城市的实际情况,遵循统一指挥、层次管理、信息化、高效化的原则,实现管理组织的系统化、层次化。

管理方法和管理手段的优化。管理方法的优化,是指要在城市管理中,依据系统管理要素和层次的不同特点引入各种定性和定量的管理方法。例如经济管理中的投入产出法、决策技术、统筹法、优选法、系统工程等。管理手段的优化是指要在系统管理中,根据需要和可能逐步做到自动化。即针对不同行业的管理特点,引入电子计算机,对管理中的数据进行系统分类、加工和处理,提高管理的效率和质量。同时要建立科学的信息系统,以及经济、法律和行政等管理手段。

管理群体的优化。管理群体是指包括各个管理层次中管理人员的集合。群体管理水平的高低直接关系到管理水平的高低。因此,我们应当依据不同层次的管理内容,选拔和培养管理人员,形成一个适应不同层次,管理的需要,掌握现代领导艺术,具有指挥才能、参谋才能、监督才能以及各种现代专业知识的人才群体。

目标管理与领导科学

　　目标管理,简而言之就是根据系统目标来进行最优化的综合管理,以期使目标达到最佳的效果。它是赖以系统工程等现代管理理论而形成的一种现代化管理的科学方法。因此说,实行目标管理既是现代领导者的根本职责,又是实现现代领导科学化的重要改革。我想就这个问题谈几点粗浅的认识。

一、现代领导的根本职责

　　目标管理之所以是现代领导者的根本职责,这是由于现代化大经济管理的客观要求所决定的。大家都知道,我们今天的经济建设,已不是各自孤立的,自给自足的小农经济,而是包括农业、工业、商业、科技、教育等一系列构成的大经济、大系统,而作为这个大系统的每一个单体本身也是一个系统。工业是大工业,农业是大农业,商业是大商业,科学是大科学等,它们又由一系列环节组成中系统、小系统、小小系统的各个层次。系统之间以各种纵横结构联系着,有着十分复杂的交叉效应。可以说,牵一发而动全身。因此,现代管理也不再是过去那种小生产的管理,而是赖以现代化大经济的管理理论而建立起来的一项系统工程。我们知道,系统工程的特点就在于研究系统,改造系统。在改造系统过程中,总是要按照系统的目的性,采用最优化的方法,以使目标达到最佳值。由此可见这既是目标管理的理论基础,也是我们提出目标管理是现代领导者的根本职责的主要理论依据。

现代领导不是封建时代的官僚。在大生产、大经济的管理中,都应是一个远见卓识的事业家,对于他所领导的地区、部门、单位的发展前景首先有一个清晰的蓝图。你准备怎样更好地完成大系统赋予你这个单位的使命?你将要把你的全体下属带到何处去?你这个单位的长远发展方向是什么?中期的、近期的目标是什么?总要有个战略的、战役的、战术的目标规划。因此,可以说目标规划,是现代领导者的第一件大事。有了目标如何管理,如何实施,这就要点合理有效的管理制度、管理办法,以及管理机构的改革,建立一个合理的管理结构体系,以保证规划目标的实施。总的叫制订规范,这又可以说是现代领导者的第二件大事。有了正确的目标,合理的规范,靠谁去实施呢?那就是要选用人才。人是管理中最活跃最能动的因素,这是现代领导者的第三件大事。毛泽东同志曾经指出领导者的责任归结起来就是两件事:一是出主意,二是用干部。目标规划就是"出主意"中最根本的主意;用有改革精神的人去创造合理的政治体制,制定规范,选用人才,重视发挥人在管理中的能动性,就是最好的用干部。显而易见,作为一个现代领导者重要的职责,就是这么两三件事,不必要也不可能事必躬亲,事无巨细,一切大小事情都管。一竿子插到底,反而会干扰搅乱系统工程这个"管理场",破坏了系统功能。我们常讲想大事、议大事、管大事,我想大事就是那么二三件。用现代化理论的观点,把二三件事概括起来,就形成了根据目标来进行综合管理的一项科学制度或叫科学方法,这就是宏观的目标管理。因此,我们说,目标管理就是现代领导者的根本职责。

目标管理这个概念提出还只是近三十几年的事,引入我国的时间更晚一些。因此,在我们年初提出全市(包括党政机关)全面推行目标管理的时候,我们有的同志感到这是一件新鲜事,甚至有的同志议论这是赶时髦,图形式,脱离实际的追求"洋玩意"。实际上这是我们一些同志既缺乏现代管理的理论,又不尊重科学实践的一种偏见。前面我讲了一些理论的认识,这里我想再作一点实践的回顾,以便进一步加深对目标管理的理解。作为目标管理这一概念提出的时间确实不长,但是目标管理思想的产生应该说是由来已久的而且这个思想形成于政治领域,远远早于经济领域。就资本主义国家而言,提出目标管理也不过三四十年。而在政治领域,从实行总统制,每届总统竞选,都要提出自己的任期目标,作为筹码,这个历史大约已经有四百多年。就我们共产党人而言,自马克思主义问世,就形成了这个思想。早在马克思的《共产党宣言》中就响亮地提出了"全世界无产者联合起来,为实现共产主义而奋斗"的大目标。我们共产党人多少年来,之所以前赴后继,勇往直前,就是因为胸中有了这样一个大目标。根据这一目标,列宁在俄国无产阶级革命斗争中提出了武装夺取政权,建立了苏维埃联邦共和国。毛泽东同志在中国革命斗争中,提出了农村包围城市,枪杆子里面出政权,建立了新中国。作为一个政党,作为一个国家,作为一个好的领导者,如果胸中没有一个清晰的蓝图,没有一个正确的战略目标,战役目标,战术目标,就不可能领导人民由胜利走向胜利。作为无产阶级革命是这样,作为社会主义的经济建设也是这样。"一五"时期,我党正确规划了以一百五十六个建设项目为中心的工业建设,工农业有了大幅度的增长,人民生活有了很快的提高。1956年党的"八大"通过了周恩来同志关于第二个五年计划的报告,提出了根据需要与可能,合理化地规定国家的发展速度,以保证国民经济比较均衡地发展等战略设想,确定了我国社会主义建设的主要目标方向。今天看来,那个目标规划是正确的。党的十一届三中全会为我们重新制定了"到本世纪末翻两番","人民生活达到小康水平"的宏伟目标。在这个战略目标的鼓舞下,工农业经济稳步发展,各项事业蒸蒸日上,人民生活水平逐年提高,到处呈现出一派团结奋斗,大展宏图,欣欣向荣的景象。回顾我们党的历程,特别是我国经济发展的历程,就更能使我们领会到目标规划、目标管理对一个领导者具有何等重要的意义。

　　我们作为一个社会主义的领导者,肩负着人民的期望,党赋予的使命,更应把建立正确的目标规划的责任担当起来,去引导自己的下属在经济社会发展中作出更大的贡献。实行目标管理,不仅是一个领导者的重要职责,而且也体现了一个领导者的管理水平。如果我们有些领导干部,只是满足于工作热情很高,情况也很熟悉,而对他那个单位发展目标却说不出一句真知灼见,那么至多只能说他是一个辛辛苦苦的事务主义者,工作也是难以奏效的(不过由于中国经济发展的不平衡性,分东、中、西三部,城市、农村等不同层次,因此,也带来了领导方法的多层次性,如小生产方式的家长式的方法在某些地方还是有点作用的)。在这里我们所指的是现代化大企业比较高层次的党政领导。我们的各级领导,各个部门,各个企业,要想摆脱事务主义的圈子,克服那种眉毛胡子一把抓作风,真正能够学会议点大事,抓点大事,实现机关作风的廉洁、高效、文明、科学,那就一定要认真地去实行目标管理。

二、领导观念的根本变革

现代化的本质就是实行从小生产到社会化大生产、大经济的转变。既然目标管理是现代领导者的重要职责,那么实行这一管理最首要的就是各级领导必须在领导观念上有个根本的变革。只有完成这个观念的转变,才能把现代化的理论,现代管理方法,引进我们实际管理工作中去推广开来,坚持下去,收到好的效果。

那么,如何实现领导观念现代化的根本转变呢? 我想还是从历史的回顾谈点启蒙性的认识。管理自古有之,只要有人群的活动就有管理。但是数百年以前,人类都是小生产,管理也是小生产方式。只有在近代工业社会兴起之后,才开始了社会化大生产。马克思曾把资本主义特有的工业生产历程分为"简单协作"、"手工工场"和"机器大工业"三个阶段。在这之后随着现代化管理的出现,又有了很大的发展。就管理的发展历史来讲大体可以分四个阶段。

第一阶段,大约在1841年左右,经济上是小生产者的家长式管理,在政治上是皇权式的领导,其本质是一人定乾坤。由于当时生产力十分低下,社会分工极其简单,协作、调节一般为自然形成。在生产中的计划、组织、实施、执行以及成果的享受都是单独的同一个体,劳动者就是管理者,也就是消费者,反之亦然。

第二阶段,大约在1841年到1920年这一时期,在经济上是专家、权威式的管理。这是因为随着商品经济的产生,商品交换促使人的社会活动越来越复杂。劳动方式逐渐由个体向群体发展。为了更合理的安排人、财、物力及成果分享,一些技艺高超,组织才能高的人逐渐在一种劳动或一项工作中成为有权威的组织管理者。从而就出现了硬专家的管理。

第三阶段,大约在 1920 年以后的一段时期,又出现了软专家的管理。这是因为随着生产规模的加大,社会分工越来越细。多种行业、多个工种复合劳动形式,只靠一类劳动或一种本事已难以完成,当初那种只通一行的专家权威已无法胜任工作的要求,迫切需要有一批专业学习科学管理工作的人来做管理,使其能够从整体上把握和控制自己管理的系统。

第四阶段,就是近代,发展到了专家集团管理制。这是因为科学技术的迅猛发展,许多规模庞大,结构复杂,功能综合的重大项目或工程,涉及的行业越来越多,部门间协作、联合的相关性越来越大,管理的方式和手段也发生了根本的变化。单靠专业"软"专家个人的管理领导能力已无法适应,迫切需要一支专业化管理队伍,形成"智囊团"或"思想库",成为管理决策的参谋部。从而使管理科学又走向了一个新的阶段。

管理历史的发展告诉我们,管理体制是随着人类活动深度和广度的发展而不断变化的。管理方式是与管理对象发展程度相适应的,而管理思想作为具体管理理论的概括,总是在随着社会的进步而发生着不断的变革。就管理思想的发展变革而言,大体经历了三个时期。一是古代管理思想,从希伯来人耶特鲁对他的领袖摩西的"事必躬亲"管理的引进,到中国秦始皇改制李俚《法经》,都体现了古代管理思想中一种改革和创新的精神。秦始皇所确定的中央集权体制,实际上就是一长制,不仅在当时起了进步作用,而且对中国延续两千多年的封建制度有着重大的影响,同时也成了我们国家科技落后的原因之一。二是近代管理理论,它是从企业管理角度开始建立的,创始人是泰罗。实际在他之前已经出现过不少管理的先驱。对于泰罗的理论与实践,列宁曾经深刻地指出:资本主义在这方面的发明——泰罗制——也同资本主义其他一切进步的东西一样,有两个方面:一方面是资产阶级剥削的最巧妙的残酷手段,另一方面是一系列的最丰富的科学成就,即按科学来分析人在劳动中的机械动作,省去多余的笨拙的动作,制定最精确的工作方法,实行完善的计算和监督制等等;并提出:应该在俄国研究传授泰罗制,有系统地试行这种制度,并且使它适应下来。三是现代管理学说。如果说,近代管理,只是着重在生产过程的分析和组织控制的研究,把劳动者当作只是机器的附属物,以致最后让僵化的组织束缚了人们的积极性和创造性,那么,现代管理学说恰恰主要是研究人群关系和分析系统工程。它强调任何一个劳动者都不是孤立的,应该重视社会和心理对他们的影响。并注意运用运筹学等科学方法,对与管理对象有关的所有方面全面地进行系统、整体的分析,使管理人员作出正确的决策,通过各种职能真正解决生产和经营等问题。人群关系论的创始人是埃尔顿·梅奥。

由上可见,从古代管理思想到现代管理学说,尽管学派各异,总的来讲是沿着这样两个方向发展的。一种是强调组织的作用和技术的作用,把人看作是"经济的人"或"机械的人"。主要采用等级制的权威型管理方式。管理史上把它称之为"组织论者"或"组织学派"。另外一种理论是强调人的行为和人群关系,强调工作的集体影响,认为人是"社会的人"。主张采用民主型管理方式,以激励和启发、调动职工的创造性和积极性,来达到整个组织的目标。管理史上称之为"行为论者"或"行为学派"。事实上,这两派各执一端,都有其片面性。

从50年代起,"管理科学"的研究和应用发展很快,正在出现一种把以前各种学说统一起来的趋势。目标管理,就是美国的管理学家彼得·德鲁克在泰罗制管理学说和梅奥的人群关系学说的基础上发展形成的一种科学管理的制度。他把这一思想,在50年代出版的《管理实践》一书中首次提了出来。以后乔治·奥迪奥恩在1965年出版的《目标管理》一书中又作了进一步阐述。目标管理的倡导者认为:组织管理学派是以工作(生产)为中心,忽视了人的作用;行为学派则过于强调人,而忽视了人与工作的结合。为了克服两种弊端,从而提出了把以工作为中心和以人为中心的管理方法统一起来,实行"自我控制"、"自我管理"。既强调工作成果,又重视人的作用,这正是目标管理的特点所在。

从管理思想的历史发展,我们可以看到所谓旧的、传统的、习惯的管理思想,实际就是小生产的管理思想。这种"小生产"已经不仅是指它的生产规模小,而是由它的"生产小"逐渐演变而形成了一种封闭、全能、僵化的管理模式和个人专断的家长式的领导管理特征。这种东西已成为今天阻碍经济发展、社会进步的障碍。而"现代化"的一个重要特征,不仅是生产规模大,而更重要的是社会化自动化程度高。所以现代科学管理与小生产思想的根本对立就在于它是从社会的系统的角度研究、看待管理,它强调的是社会总体效益,要求的是专业化协作、联合的分工配合,提倡的是"大事集团决策,具体分工负责"。因此,我们讲领导观念的根本变革,就是要求各级领导要从那种小生产的思想观念中解放出来,树立起大生产、大经济的系统观念、综合观念、战略观念、效率观念,改革那种"封闭、全能、僵化"的管理模式、管理方法,从认真地、全面地推行目标管理入手,去探索符合我们实际的、具有中国特色的社会主义管理科学和领导科学,为促进经济社会的发展做出我们的贡献。

三、领导方法的重要改革

实行目标管理这本身就是对领导方法和管理方法的重要改革。而我们把目标管理的原理引进来,结合我们包头的实际,加以高度的综合实践是更重要的改革。我们提出在全市(包括党政机关)全面推行目标管理虽然刚过了半年的时间,但是在近几年的工作实践中却早已酝酿形成了这个思想。我到包头就抓了地区经济社会发展战略研究,制定了包头地区的经济社会发展战略纲要,提出了今后十五年的战略目标。而有了这个总体战略目标之后,如何付诸实施?我们又进一步想到,必须建立五个层次的计划体系,即发展战略纲要、"七五"计划、行业计划、旗县区发展战略规划、年度计划,并形成五个层次目标体系,建立相应的控制运行模式,从而逐个层次保证目标规划的实施。这也可以说是我们酝酿提出在全市实行目标管理的一个思想发展过程。此外,在这个思想酝酿过程中,我们还做了一些实践的探索。

如我们从改进机关作风,提高办事效率着想,提出了"廉洁、高效、文明、科学"的八字方针目标。经过一段实践,效果不错,但还是有些事务缠身,难以集中精力抓点大事,这也可以说是促成我们推行目标管理的一种思想动力。再是我们还受到了一些实践的启发,如政法机关通过试行承包责任制,领导和工作人员的责任心加强了,社会治安明显好转了,发案率大大地降低了,这又可以说是对我们在党政机关能够实行目标管理的一个有益启示。我们还认真总结回顾了这些年实行农业承包责任制、工业经济责任制的经验,它们的共同之点就在手人与物相结合,责、权、利相结合,充分调动了人的积极性和主观能动性,与目标管理有许多相似之处。因此,这也可以说是给了我们要在全市全面推行目标管理的决心。

我们提出在全市(包括党政机关)全面推行目标管理的思想来源于实践,而在全面推行目标管理的实践中,我们也不是生吞活剥机械的推行,而是结合我们的实际,掌握目标管理的原理,根据目标管理的特点,加以综合运用消化吸收,变成适合我市特点的一项管理方法。现代领导科学的一个重要特征就是:"高度综合的实践"。"综合就是创造,就是改革"。我们现在所实行的目标管理,大体有如下几个特点:

一是系统性。作为一个城市,本身就是一个纵横交叉的大系统,而在一个城市全面推行目标管理时,最重要的就是要用系统论的观点来进行模式设计。上至市党政机关,下至各旗县区、各部委办局,直到各厂矿企业、医院、学校、商店等基层单位形成一个纵的管理系统。包括工业、农业、商业、科技、教育等一系列产业行业,又构成了一个横的系统。纵横交叉形成一个目标管理的网络,并且把市党政机关的目标管理作为全市推行目标管理的中心环节,带动整个网络的运行。既要抓住重点,又要带动一般。毛泽东同志在关于领导方法若干问题的论述中曾经讲过"弹钢琴",因此这也可以说是中国式的领导艺术在目标管理中的具体应用。

二是整体性。系统目标是统一的,首先必须是大系统目标是正确而又明确的。如没有大系统的目标,那就是零值;如果大系统的目标是错误的,那就是负值,子系统的目标都是无法正确的。因此,目标的建立必须从大系统开始,然后再向子系统层层展开。我们就是首先制定了包头地区的发展战略目标,而后制定了"七五"计划目标,直到年度计划目标。战略目标是制定中期目标、年度目标的依据;年度目标是战略目标、中期目标的具体体现。对于年度目标的制定,我们也是先在全市提出了总的方针目标和对各部门、各单位的 40 项目标要求,然后由各部门、各单位自上而下,自下而上经过多次酝酿研究制定而形成全市年度的目标体系,分解为 803 项目标。其次是领导要亲自抓目标管理的制定,目标的制定者就是目标的执行人。我们全市目标规划的制定是由市委书记、市长亲自抓;各级管理部门也是由各单位的主要负责人亲自组织制定了自己的分目标;每个职工又根据本部门目标和本人情况制定了个人目标,从而形成了一个目标连锁。把总目标与分目标构成了一个相互依存的不可分割的整体。这样通过制定目标,把全体人员科学的组织在目标体系之内,从而促使人们严以律己,团结奋斗,共同把全市事情办好。

三是层次性。目标的制定,由总目标层层分解为各层次的具体目标,这是目标制定的层次性,而根据目标实行归口分级管理,这也是讲层次性。我们建立了严格的责任,一级抓一级。市长是全市总目标的负责人,各旗县区和各委办局的主要负责人为本地区、本部门的目标责任人。每个领导干部管理与他有直接目标连带责任的七八个人,层层负责。不要越级指挥,也不要越级请示,按层次进行管理。在现代管理学中,有这样一个概念,即"管理跨度"。我们国家的部队建制也有个三三制,实际这也是一种管理跨度。按照统计学的原理来讲,一个领导者的最佳管理跨度是八个,因为一个人的精力所限,我想一个领导人,就是管七八个直接下属,会有助于集中精力抓些大事,把事情办得更好。不要总是想搞那种一竿子插到底的领导方法,不要到处乱抓首长项目,不要越级发号施令。否则,不仅自己落个事务主义,而且使自己的下属也会感到无所适从。那么,作为一个领导者,按照"管理跨度"应该主要抓些什么呢? 我想有这样六条:1. 目标规划(包括长期的战略目标,中期的战役目标,年度或分阶段的战术目标);2. 制定规范(包括改革管理系统,建立合理有效的管理结构、责任制度和奖惩制度);3. 定期进行检查、考核、督促、协调;4. 通过检查考核不断培养、发现、选用人才;5. 掌握重要工程进程,及时发现处理意外事件;6. 加强学习,经常注意研究改革领导方法和管理方法,进行自我控制、自我调节,分析判断达到以身作则。这种按照"层次"、"跨度"的管理,就是现代领导方法的一种重要改革。

四是时效性。目标的制订有长期、中期、近期的阶段性。而每一阶段目标,包括这一阶段目标的每一项目标都要有具体完成时间、完成效果的指标,做到定量化、限期化、标准化。包括党政机关的管理目标,必须是按质、按量、限期完成任务,并收到如期的效果。

五是科学性。目标包括定量与定性目标。一般来说应尽可能把目标定量化,以便做到易于检查和考核。为此,我们在设计党政机关各部门工作目标卡时,不仅要求填写目标项目的内容,而且强调了要达到的标准,尽量使目标定量化。如目标不能进行定量分析时,也要尽量采取某些形式,把目标表达的具体些,尽量避免标语口号式的目标。当然,也有些目标,用数字表示倒不如用实施的关键性措施表示更确切些,特别是某些党委部门,可以从本部门所担当的职能和应起的作用方面来制定与具体工作直接结合的定性目标。目标制定的科学性,决定于目标管理的实践性。因此我们十分注意从时间、量和质三个要素,人、财、物、信息、机构和管理手段六个方面的内容,辩证的去研究目标的制订和管理,从而建立起一个充满创造活力的自我适应系统,得以使目标管理持续、有效的开展起来。

六是实践性。目标规划的制定重在实践。我们实行目标管理大体分为三个阶段:第一阶段就是制定目标,建立体系,首先要有科学正确的目标,这是前提。第二阶段就是目标实施展开,要根据目标的轻重缓急,难易程度,内外部环境条件,逐项研究实施展开办法。根据不同特点,组织不同力量,采取不同方法,致力做踏踏实实的工作,抓目标的落实。不搞那种写在纸上,贴在墙上完事的形式主义。当然为保证目标的实施,必要的形式也是要的。如我们建立目标工作卡,经市长批准,正式举行签订目标责任制签字仪式,这就使目标责任人与所在单位的职工感到既有压力、又有动力。第三阶段是对目标成果的考评与奖励。对于考评的内容,考评的时间、步骤、奖惩的办法,都作了明确规定,并且组成了目标管理办公室,设在市委组织部,把目标管理的考评与培养使用、提拔干部的考核结合在一起。从7月1日开始组成了一个80多人的目标管理检查团,进行半年的中期检查,从而推动目标管理的实施。

七是民主性。从目标的制订,到目标的实施、检查、考核,自始至终,我们强调全员参加,"自我管理"、"自我控制",把权、责、利结合起来,充分调动各级干部和职工的积极性,上下协调一致,自觉地去完成目标任务。同时我在人民政府工作报告中用40项目标概括了1986年全包头市的工作,既便于调动全市人民的积极性,也易于人民检察督促,简单化、口语化,同时也是文风的改革。

实行目标管理的意义是多方面的,我们认为最重要的就在于这是一项促进现代领导科学化,管理方法现代化的改革。通过这一改革,对于提高各级领导的素质和现代化管理的水平,加速我市经济社会各项事业的发展,都将会起到重大的作用。同时也不可避免地对我们使用干部开拓一个新局面,使干部的考核、提拔、奖罚与经济效益、社会效益、环境效益联系起来,与我们社会主义的社会环境效益联系起来。同时,目标管理将促进经济体制改革和政治体制改革。反过来,经济和政治体制的改革会更加完善提高目标管理的效能。可以说它们是三位一体的不可分割的关系。

论目标管理

一、目标管理与社会主义的经济和政治

在各级各部门实行工作目标责任制管理,是关系到我们社会主义制度能否巩固和发展,公有制的优越性能否充分发挥的大问题。对于这一点,有些同志认识还不太够。为什么要提到这样的高度去认识呢?

首先,我们的国家是以社会主义公有制为基础的,这就决定了我们必须用层次目标管理来保证和壮大这个基础。在座的每位同志都学过社会发展史,社会发展从原始社会、奴隶社会、封建社会、资本主义社会到社会主义社会。在原始社会中是公有制,是大家所有制,以后被奴隶社会、封建社会取代后,转变为私有制。这一历史过程充分说明所有制本身并不意味着必然会形成科学的管理体系。而我们社会主义公有制本身是否也需要一个科学的管理体系呢? 如果没有这样的体系,是否能行? 这是摆在我们面前的一个重要课题。比如在美国一企业的资本家,如果他所经营的企业亏损破产了,他就可能要跳楼自杀。而在我们社会主义国家,有些企业亏损了,工资照发,甚至于奖金也照发。为什么呢? 就是因为我们的国家所有制。全民所有制,其本身并不能决定我们的每个企业、每个部门和层次的工作必然是高效率的,经济必然是高效益的。公有制,大家都有一份,但如果不加强管理、不强调各个层次的责任和目标,那么最终结果就可能是大家都什么也没有,公有制也就不存在了。由此看出我们国家若不推行科学的管理方法,公有制经济的基础就有可能被不断削弱,甚至可能名存实亡。科学管理是公有制经济发展的前提,推行科学管理是巩固和发展社会主义公有制最根本

的措施。因此,层次目标管理作为最根本的现代的管理办法,也是社会主义所有制本身所要求的。

第二,实行目标管理是我们有计划的商品经济所要求的。宏观经济的计划性要求我们必须采用科学的管理方法和建立科学的决策体系,否则有计划的商品经济就不可能稳定的运行,不可能持续的发展。大家都知道,我国的经济建设经历了几次大起大落,比如1958至1962年、1972年、1979年、1985年等一系列大的波动,都给我们的经济工作带来了巨大的冲击,造成严重的经济损失,这其中有一个很重要的原因就是在经济决策中随意性太大,缺乏科学性,缺乏一套宏观调控体系和科学的民主的决策制度。

当前我们正在进行的治理整顿的目标之一,也就是要建立一套完整的宏观调控体系,即科学的管理方法,尤其是投资管理。当然也包括党政系统、学校、科研单位的管理,从而使我们的国民经济真正地持续、稳定、协调地发展。

第三,我们社会主义国家的廉政建设要求我们各项管理制度纳入科学的轨道。廉政建设的问题在改革开放、搞活经济的新时期显得尤其重要。而廉政建设本身同我们各项管理制度的建立、健全是密切相关的。如果不实行有效的层次目标管理,各个管理层次目标不清、责任不明,其行为又没有一定制度的制约,这就无法进行有效的监督。因此,廉政建设本身就要求我们的各项管理,尤其经济部门的管理必须科学化、制度化、规范化。

第四,推行层次目标管理,可以为我们今后的政治、经济体制改革提供一个良好的环境。我们现在正在进行的政治、经济体制改革,包括党政分开、政企分开等一系列的根本性的改革,也包括我们各种机构的设置。而我们进行的层次目标管理,就是在现在体制的条件下,进行机构内部运行机制的调整。通过层次工作目标管理使我们的机制运行更加合理,使得在工作上有效率,在经济上有效益,为我们的机构改革创造一个内部运行良好的条件。

我们在推行这项工作过程中,阻力也是不小的。比如我们习惯的工作方法,习惯管理方式,就是一个阻力。我们有些人习惯于越级管理,习惯于单项突破,习惯于一竿子插到底等我并不是说这些习惯的办法都是错误的,只是由于我国生产力水平具有多层次性,这就要求我们就不同层次的生产力水平采取不同层次的管理办法、思想方法和工作方法。比如,我国发射的亚洲一号卫星就是在钱学森同志的指导下,采用最现代的系统工程管理的办法送上去的。如果我们采用习惯的"一竿子插到底"的办法行不行? 肯定不行;用"单项突破"的办法行不行,也肯定不行。这就是我们的导弹、卫星事业能够达到世界水平的重要原因。而我们其他一些部门如机械、汽车工业、消费品工业等等,为什么没有达到导弹上天这样的水平呢? 其重要原因之一就是缺乏系统的管理,缺乏科学的管理。

二、目标管理与现代领导的关系

各级领导应该深刻认识到,实行层次目标管理是现代领导的根本职责。我们现在的领导不是小农经济的领导,不是管理一个家庭和几亩土地,更不是封建时代的官僚。在社会主义这个大事业、大经济管理中,每个领导者都应当是一个富有远见卓识的事业家。大家知道,50 年代我国曾有一个雄伟的蓝图;改革开放以来,邓小平同志提出了三部曲、三个步骤伟大战略设想。因此,我们每一个领导者,对所管辖的部门和单位的产业发展方向是什么? 总体的进行目标是什么? 都要有个战略的、战役的、战术的目标规划体系,要有一个非常清晰的认识。这是我们每个领导者的第一件大事。有了目标规划、战略规划,如何进行目标管理,如何实施,如何具体化,如何落实? 这就要求我们有一个有效的管理制度和办法,建立一套科学化、规范化的管理体系,以确保目标规划的实施。这是我们领导者的第二件大事。有了正确的目标和合理严格的规范,靠谁去实施呢? 那就是选用人才问题。这是领导者的第三件大事。作为一个现代的领导者,其重要的职责就是做好以上三件大事。毛主席说过:"出主意、用干部是领导者的一件大事,是最根本的事宜。"出主意就包括战略的规划,计划体系的建立;包括建立各项科学化、规范化的管理制度、监督制度。因此,作为一个领导没有必要,也不可能事无巨细,一切大小事情都管,而要根据所管辖部门、单位的实际情况制定出适合本部门、单位的管理方法,形成一套宏观的层次目标管理体系。因此,层次目标管理既是现代领导的根本职责,也是领导者必须遵循的科学的领导方法。我们作为省直委、办、厅、局级的领导干部,肩负着党和人民的重望,担负着省委、省政府管理经济的重要使命,就应把建立正确的目标,分层次地组织实施目标,作为首要大事来抓。

以上讲了目标管理与发展经济、政治的关系,讲了与现代领导的关系。但在制定层次目标管理体系过程中,反映出一些不同的认识。有些同志觉得制定目标难度较大,实施过程中难度更大,不利于职能的转变,不利于政企的分开,也不利于党政分开等。我觉得这也有一定的道理,因为我们现在的机构设置并不是非常科学的。正因为现在的政治的、经济的、文化的管理机构、管理体制有其不科学性,我们才需要进行各方面的改革。首先,根据现实实际情况,在不进行大的机构调整、变动的情况下,推行一种内在合理的管理制度是非常必要的,而且实践证明,也是完全可行的。其次,我们各个工业厅局很重要的任务之一就是行业管理,而行业管理则必须通过层次目标管理来实现。当然,有些个别部门直接管理企业,那样我们就更多一个层次,更多一个内容。但总的来说,我们各委、办、厅、局主要任务还是推行宏观的协调、监督、检查及行业管理。

社会作为一个总的大系统存在,它包括政治的、经济的、文化的等各个子系统,而每个系统的存在都是多层次的。因此说层次目标管理是现代所有的科学管理中最根本的一种管理,它比成本管理、价格管理,以及我们现在推行的双向管理,都具有更本质的含义、更本质的内容。所以在各部门推行层次目标管理,具有十分重要的意义,这一点务必使同志们能够清楚地认识到。

城市党政机关目标管理实施办法

第一章 总 则

第一条 为了进一步完善城市党政机关的目标管理工作,使之科学化、规范化、程序化和制度化,根据城市推行目标管理工作的实践,制定本办法。

第二条 目标管理是现代管理的重要组成部分,是一种科学的管理方法。党政机关实行目标管理,是领导方法和管理机制的重要改革,是系统辩证理论在实际工作中的具体运用。

目标管理完全适合于党政机关管理工作和整个城市管理工作。全市各级党政机关要全面实行目标管理。各县、区,市直各部门、各单位的主要工作以及全部城市管理工作,都要纳入目标管理体系,通过目标导向管理,促进城市整体工作的协调发展,实现机关管理的廉洁、高效、文明、科学。

第三条 全市党政机关从上到下都要有目标管理领导机构,明确办事部门和人员,建立完整的目标管理领导体系,形成组织网络。

第四条 全市党政机关目标管理实行层次管理、分级负责。市党政领导是全市党群工作总体目标和全市经济社会发展总体目标的责任人;各县、区,各部、委、办、局的主要负责人是本地区、本部门、本单位工作目标的责任人。

第二章　目标的制定

第五条　制定市级管理的目标有以下分类：

（一）按时间分有任期奋斗目标和年度工作目标。

（二）按层次分有全市总体工作目标和地区、部门具体工作目标。

（三）按目标构成分有业务目标、改革与管理目标、党的建设与廉政建设目标等。

第六条　制定目标有下列依据：

（一）市级任期奋斗目标制定的依据是：党和国家的方针、政策，全市经济社会发展的总体战略规划，本世纪末全市三项奋斗目标，全市国民经济和社会发展的五年计划及各部门的基本职能和权限。

（二）县、区和市直各部门、各单位的任期奋斗目标制定的依据是：市级任期奋斗目标，地区、部门发展的战略规划及部门的基本职能和权限。

（三）全市年度工作目标制定的依据是：任期奋斗目标，中央和省、自治区、直辖市指令完成的重要任务，全市当年主要工作安排及重要决议、决定事项。

（四）各县、区和市直各部门、各单位年度工作目标制定的依据是：全市年度工作目标分解要求承担的任务及上级部门要求完成的重要工作，本地区、本部门任期奋斗目标及当年安排的重点工作任务和迫切需要解决的主要问题。

第七条　制定目标要自上而下，上下结合，反复协商，充分论证，并符合下列原则：

（一）符合挑战性原则，目标制定要先进，经过一番努力方可完成。

（二）符合可行性原则，使目标适度、合理、科学。

（三）符合定量性原则，把定量分析和定性分析结合起来，力求目标数量化、具体化、时限化。

（四）符合一致性原则，体现时间和空间两个方面的整体一致性，在空间上要注意纵向与横向的衔接和连续,做到纵横连锁。

(五)符合关键性原则,目标内容要突出重点,不包罗万象,有主有次,且比重分值不同。

第八条 全市党群工作总体目标和全市经济、社会发展总体目标按下列程序制定:

(一)全市党群工作总体目标由市党群机关目标管理领导小组提出,由党群机关目标管理办事部门征求目标承担单位意见,进行协调、平衡,经市委书记办公会议讨论后,提交市委常委会议审定。

(二)全市经济社会发展总体目标由市政府目标管理委员会提出,由市政府目标管理办事部门征求目标承担单位意见,进行协调、平衡,经市政府常务会议讨论后,提交市委常委会议审定。

第九条 各县、区和市直各部门、各单位工作目标按下列程序制定:

(一)各县、区和市直各部门、各单位要在认真讨论、充分论证的基础上,制定本地区、本部门、本单位的下年度工作目标草案,填写《年度工作目标卡》(目标卡分县区、专业局和综合部门三种,格式附后),并于本年 12 月份分别上报市党政目标管理办事部门(以下简称市党政目标办)。

(二)市党政目标办对各地区、各部门、各单位的目标进行反复的协调平衡之后,分别送分管领导进行初审。

(三)将初审后的各地区、各部门、各单位的目标,按党群和行政系统分别提交市委书记办公会议和市政府常务会议逐一审定。

(四)召开目标下达会议,由分管领导与所管地区、部门、单位目标责任人签订目标管理责任书,下达执行。

第十条 任期奋斗目标制定的程序与第八、九条大致相同。

第三章 目标的实施

第十一条 目标一经确定,就要从上到下,从单位、部门到个人,层层分解、展开、落实(城市主要工作目标分解表附后),形成目标网络体系,保证每一项目标都有人来承担。

第十二条　目标确定后,目标承担单位要按照自己的职能和权限,积极组织和调动各方面的力量,采取切实可行的措施,确保目标的预期完成。几个单位共同承担的目标,应明确直接责任单位和间接相关责任单位,各相关单位要通力协作,密切配合,积极主动地实现目标。

第十三条　在目标实施过程中,要根据参与管理和自组织性原理,充分发挥自我约束机制的作用,实现自我控制,自我管理,调动全员的能动性、创造性、积极奋进,完成目标。

第十四条　在目标实施过程中,要按照目标管理网络体系,建立有效的目标信息反馈系统。各县、区市直各部门、各单位都要配备目标管理情报员,检查汇总承担的全市目标的实施情况和本单位目标的实施情况,并按季填报《全市主要工作目标实施进度表》和《地区、部门工作目标完成情况表》(一式三份,样式附后),于季后 15 日前(年后 20 日前)按党、政系统分别报市党政目标办。市党政目标办经分类汇总后送各领导。

第十五条　各县、区,市直各部门、各单位在目标实施过程中需上级或有关部门协调平衡的问题要及时反映,市目标办要牵头协调,有关部门要认真解决。

第十六条　目标的实施既要体现严肃性,又要体现动态性。目标确定之后,一般不轻易修改和调整;在实施半年以后,若遇有客观形势或工作任务发生重大变化,原定目标不能反映本地区、本部门、本单位实际工作时,目标实施单位可按程序提出修改报告,分别经市党政目标管理机构审议同意,可以修改目标。

第四章　目标的检查、考评与奖惩

第十七条　目标按下列规定进行检查:

(一)目标检查的形式是:采取平时和定期检查相结合、自我检查和上级检查相结合、重点检查和普遍检查相结合的形式。平时检查由市目标办随时组织进行;定期检查每年中期(7月份)和年末(12月份)各进行一次,中期检查以自查为主,全市组织重点抽查;年末检查实行全市统一的普遍检查。

(二)目标检查的组织工作是:平时检查由市党政目标办组织自身工作人员随时追踪、督促、检查。定期检查由市党政目标办从各有关单位抽调人员,组成精干的检查队伍,分成若干个专业检查组,分别由分管领导或部、委、办负责人带队,深入下去,进行检查。

(三)目标检查的程度是:中期检查各县、区、市直各部门、各单位均应在自检的基础上填写《中期目标进度卡》,并作出简要的自检小结。7月中旬开始,全市各检查组进行重点抽查。抽查结束后,按党政系统分别由市党政目标管理机构汇总,并报市目标管理协调指导小组。

年末检查先由各县区、市直各部门、各单位进行认真的自查、互查,填写《年度目标进度卡》(全年预计完成情况),作出自检总结报告,然后接受市检查组统一检查。

(四)目标检查的范围和内容是:重点检查目标内容达到和完成情况,同时也检查实现目标措施的组织实施情况,检查目标管理的基本做法和工作中存在的问题。年末检查时还要对领导班子状况进行检查和考核。既要检查主体基本情况,又要检查客体相关情况,即对一些单位进行延伸检查,检查服务效果,听取社会意见。

(五)目标检查一般采取"听、查、谈、评"的方法。即听取受检单位目标实施总的情况汇报,检查目标管理图、表、卡及其他有关资料情况,召开座谈会或进行个别谈话,了解领导班子情况,评价各项目标成果,拟定综合评语。

第十八条　目标按下列规定进行考评:

(一)目标管理的考评工作在年末与目标检查同时进行,逐级考评。上级负责对下一级目标管理检查结果的考核与评价。

(二)目标成果考评的程序是:

1. 由各单位按照上级认定的考核评价标准(另定)和评价方法进行自我考核评价,并填写《目标成果自我考评卡》(格式附后)。

2. 由市检查组统一考核评价。参照"自我评价意见",对各项目标逐项评价,采取简单算术平均法求得各考评人员打分的平均值,并填写《年度目标成果统一考评卡》(格式附后)。

3. 考核结果由各检查组进行初审评定,由市党政目标办按系统平衡后,分别提交市党政目标管理领导机构审定,最后报市目标协调领导小组统一平衡后发布。

(三)目标成果考核评价的方法是:

目标成果考核评价采取百分制有限加减计算方法。计算公式如下:

1. 单项定性目标成果得分=单项基分 X 单项目标达成率。

2. 单项定量目标成果得分=单项基分 X 单项目标达成率 X(1+定量单项目标计划增长率)。

单项基分即单项目标比重分;达成率在110%以上者按110%计算;计划增长率在10%以上者按10%计算;单项得分精确到0.1分。

3. 全部目标成果得分=单项目标得分之和 X 修正系数+加(减)分值。

修正系数为0.8~1.2。

凡获省、自治区、直辖市以上机关颁发的正式荣誉奖励者每项可加五分;目标管理自身工作符合要求者(具体要求另行规定)以及目标完成特别突出者和目标外工作量较大者适当加分。加分总数最多不超过20分。凡受市和省、自治区、直辖市有关部门通报批评的每次减5分;目标管理自身工作不符合要求者适当减分。减分总数最多不超过15分。

(四)目标考核评价的等级划分如下:

单位目标考评结果分为优、良、平、差四等。

1. 全部目标成果得分在120分以上者为优。有下列情况之一者不得评为优:

(1)党的建设与廉政建设类各单项得分之和低于得分之和的90%者;

(2)承担全市党群总体目标和全带经济社会发展总体目标有一个子项未完成者;

(3)主要业务工作目标有一项未完成者。

2. 目标成果得分在 110—120 分之间者为良。有下列情况之一者不得评为良：

（1）党的建设与廉政建设类各项得分之和低于基分之和的 80% 者；

（2）承担全市党群总体目标和全市经济社会发展总体目标有一大项未完成者；

（3）主要业务工作目标有一项以上未完成者。

3. 全部目标成果得分在 100—110 分之间者为平。但主要业务工作目标达成率低于 90% 者不得评为平。

4. 全部目标成果得分在 100 分以下者为差。

个人也分为优、良、平、差四等。各等级的分组组距划分及评分标准由各地区、市直各部门、各单位结合干部考核"德、能、勤、绩"的要求自行规定。

第十九条　目标的奖惩按下列规定进行

（一）奖惩的原则是：精神鼓励与物质奖励相结合，以精神鼓励为主；教育与惩罚相结合，以教育为主。在物质奖励方面体现县区高于直属部门、单位，各级目标责任人高于一般目标承担者的原则，奖金不平分，罚款不均摊。

（二）奖惩的办法分为精神鼓励和物质奖励两种。

1. 精神鼓励是：凡被评为"优"和"良"的单位，由市委、市政府通报表彰并发给荣誉证书，同时通报表彰目标责任人并载入干部档案；凡被评为"差"的单位通报批评。

2. 物质奖励是：凡被评为"优"和"良"的单位按不同等级和固定比例（县区按年末在编人数 60% 计算，市直部门、单位按年末在编人数 90% 计算）发给一定数量的奖金。由单位分发给"优"、"良"的工作人员；其他单位成绩突出的个人亦可按"良"的标准发给一定数量的奖金，但"平"的单位奖励面不得超过 20%，"差"的单位不得超过 10%；凡被评为"差"的单位对领导干部扣罚一定数量的奖励工资。办法见下表一至二。

表一　县、区奖惩办法表

等级	一般工作人员 人均金额	中层负责干部 人均金额	领导干部 人均金额
优	奖 30 元	奖 50 元	奖 70 元
良	奖 25 元	奖 40 元	奖 60 元
差			罚 40 元

表二　市直部门、单位奖惩办法表

等级	一般工作人员 人均金额	中层负责干部 人均金额	领导干部 人均金额
优	奖 25 元	奖 40 元	奖 60 元
良	奖 20 元	奖 30 元	奖 50 元
差			罚 30 元

对改变一个单位的面貌、开创工作新局面做出突出贡献的目标责任人和其他领导干部,可当年上浮一级工资一年。连续三年上浮工资者可晋升一级固定工资。现行工资为本级别最高档次者,可按高一级别长期上浮一档工资。目标管理浮动工资不影响正常晋升工资。

连续两年被评为"差"的单位目标责任人和工作不力的其他领导干部要免去职务,免职后不得平调使用。

一般工作人员的奖惩由各地区、各部门、各单位自行规定。

(三)奖金来源及发放的程序是:

目标管理奖金由市财政列入预算,年末一次发放。发放的程序是:由市党政目标办将最后评定结果及领取奖金的单位、人数、金额造表送分管领导审签,转市财政局核定后,凭市党政目标办的通知到市人事局提奖。

(四)奖惩的其他规定是:

1. 实行目标管理奖惩的目的是激励全体目标承担者。奖惩必须实事求是。弄虚作假、骗取荣誉和奖金者或利用目标惩罚打击报复者,取消评奖资格,情节严重的给予纪律处分。

2. 奖惩必须以严格考评为依据,根据考评结果计分奖惩。未经考评或考评无结果者不得实行奖惩。

3. 除奖金、罚款以外的奖惩,按干部管理权限和有关规定办理。

第五章　附　则

第二十条　本办法适用市级党政机关(含政协各人民团体)的目标管理工作,各县、区可参照执行或制定实施细则。

第二十一条　本办法由市党政目标办负责解释。